街角の数学

数理のおもむき かたちの風雅

Kyoichi Gowa
五輪教一

Norihisa Yamasaki
山﨑憲久

日本評論社

まえがき

　本書は，図形を愉しむ筆者（五輪＋山﨑）の取り組みの一端を紹介するものです。

　「街角の数学」の名で数学の普及活動を行う五輪と「積み木インテリアギャラリー」を営む木工職人・山﨑との二人三脚は，4年前の山﨑のメールから始まりました。

　「日本の幾何の本を買いました。面白い問題がたくさんあって，冬籠りにはぴったりです」

　「和算の問題は面白いですね！　学習ノートを書きました」

　これを機に，二人の図形談義が始まったのです。その一週間後，「郷土の和算家が素晴らしい問題を残していますね」と山﨑が送ってきたのが，第1話「家」で取り上げた問題でした。彼はその後，この問題を高次元に拡張することを思い付き，知人の助言を得ながら二人は大いにこの図を楽しみました。

　山﨑はその後も次々と，職人の眼で「美しい」図を見つけ出しては，職人の勘で手を加えました。そうして得られた図を二人で研究し，より簡明な解法を考え出そうとメールのやり取りを続けたのです。

　3回目の冬籠りとなった昨年のこと，山﨑が

　「『三平方の定理だけで解く和算の名問集』なんて本があるといいですね。絵が美しくて，解法が美しくて，結果も意外性があって美しい，しかも易しい。そんな本を探していますが，まだ見つかっていません。洋算と比較して和算的な解き方の魅力を引き立てるような。庶民が参加できた理由なども知りたいですよね」

　さあ大変，見つからなければ自分たちで書くしかありません。「図形の相似と三平方の定理だけ」という，身の丈に合った縛り

を設けて，これまで取り上げた図形問題を基にまとめることになりました。こうして出来上がったのがこの本です。16の話の大半はGさんとYさんの対話からなりますが，これは筆者たちのメールのやり取りをアレンジしたものとお考えください。多少脚色・誇張した点はお許し願うとして，この二人三脚が，皆さんの図形を愉しむきっかけとなればうれしく思います。

　今から2年前，「デザインと数学の架け橋を」と題して，編集者飯野玲氏による野老朝雄氏のインタビュー記事が『数学セミナー』に掲載されました（2016.12，日本評論社）。愛好家にはたまらない，しかも和算の流れ，街角の数学を感じさせるお話に感銘を受けました。ここに，その一部を引用させていただきます（野老氏は東京2020オリンピック・パラリンピック大会のエンブレム制作者）。

　「私はこうして手で考えているから，びっくりするほど遅い。菱形の並べ方にしても，60個を並べるやり方は何億通り以上ある……が，私は美術を目指したいので，アナログな方法で旅をする。「あそこまで行くならバイクを貸すよ」と言われても，とぽとぽ歩いていく。そうすると，「こんなところに草が」と気付くことができます」

　「丸・三角・四角だけで何かまだできないかなといつも思っています」

　今回，この本の編集を担当されたのも飯野氏であり，このことに不思議な縁を感じています。野老氏の素敵なお話と飯野氏の編集の労に心から感謝いたします。

　　　2019年4月

　　　　　　　　　　　　　　　　著者を代表して　五輪教一

目次

まえがき ……………… 001

第1話　■■■　家 ……………… 005
第2話　■■■　東方見聞録 ……………… 015
第3話　■■■　寺院 ……………… 023
第4話　■■■　窓 ……………… 033
第5話　■■■　掛軸 ……………… 044
第6話　■■■　遊具 ……………… 056
第7話　■■■　梅一輪 ……………… 067
第8話　■■■　菓子屋 ……………… 080
第9話　■■■　手紙 ……………… 094
第10話　■■■　畳屋 ……………… 103
第11話　■■■　手芸 ……………… 117
第12話　■■■　桔梗 ……………… 131
第13話　■■■　おさげ髪 ……………… 147
第14話　■■■　三つ子 ……………… 159
第15話　■■■　黄金の円を求めて ……………… 170
第16話　■■■　黄金の月 ……………… 179

付　録　**古典鑑賞『異形同術』** ……………… 192

参考文献 ……………… 199

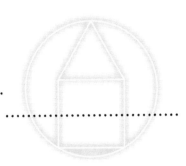

○△□

　仙厓和尚（1750〜1837）は，江戸時代後期の臨済宗の禅僧です。「仙厓さん」と呼ばれ親しまれた僧は，禅味溢れる書画を後世に残しました。その中で最も有名なのが『○△□』（出光美術館所蔵）でしょう。

　和算においては，「算額」という発表形式によって，日本独特の幾何が庶民の間に広まりました。そこで主役を演じたのも「○△□」です。

　問題 1-1 辺の長さが等しく1寸の正三角形と正方形が，一辺を共有した形で円に内接しています。

　このとき，円の半径は何寸ですか。

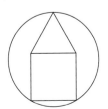

明治期の和算書に登場する，○△□だけで構成された素朴な問題。五輪の年老いた母が「灯りのともった家のようだね」とお気に入りの，温かみのある構図です。車椅子でお出かけのときは，この図柄で作ったペンダントを必ず身に付けます。

言葉はいらない

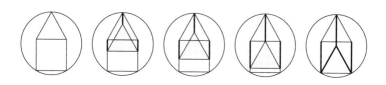

(答) 1寸

庶民の数学

いかがですか。あっけないほど簡単に結論が出てしまいましたね。「なるほど！」と膝を叩くか，「なあんだ，易しすぎるよ」と不満そうな顔を見せるかは，人それぞれ。でも，この問題は庶民性という側面を持つ和算の特徴をよく表しています。少なくとも，筆者（五輪＋山﨑）はそう考えます。事実，この問題図に先に目をとめたのは，「積み木インテリアギャラリー」を営む山﨑の方でした。形に敏感な職人の眼に適ったのです。このことは，さまざまな技術を持った職人技が職業として成り立っていた時代を思い起こさせてくれます。

相性

正三角形と正方形。この二人は，必ずしも相性の良い間柄ではありません。

例えば，市販の或る瓶入りの漢方薬には，一度に10個の丸薬をすくえる専用の角ばった匙が付いています。匙の平たい部分に

10個分のくぼみが付いているからです。そのくぼみの配列は，9＋1。つまり，□と余り1個です。

一方，すくい取った10個の丸薬を手のひらにのせて少し整えると，全部がきれいに△に並びます。

□にも△にも並べられる丸薬の個数を調べるのは，容易ではありません。ここでは，その最小個数36の場合を示しておくにとどめます。

また，市松模様に代表される正方格子を例に挙げると，格子の交点をどのように選んでも，決して△（正三角形）にはなりません。

このように，△と□はあまり相性が良いとは言えないようです。

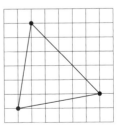

正三角形にならない

家型五角形

それにしても、問題図の○△□の相性の良さはどうでしょう。△と□がこれ以上ない収まり方で○に包まれ、手（辺）を取り合っています。重なろうとしてもしっくりこない2つの形が、辺を共有して外接することで落ち着きを見せる。

どうやら、家の形の五角形にその秘密があるようです。

八百八町

「火事と喧嘩は江戸の華」と言われた八百八町の江戸に、家型五角形をびっしり建ててみましょう。

屋根と屋根の間にちょうど△ができるので、五角形の家とその隙間の△が、江戸の町を埋め尽くしてゆきます。

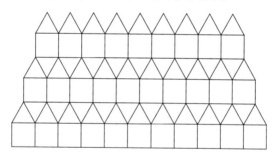

家型五角形が、△と□の敷き詰め模様（平面充填）を生み出すきっかけになりました。この模様の特徴は、どの頂点の周りにも△と□が一様に、（△△△□□）の順に集まっていることです。でも、余りにも整然としていて雰囲気が出ません。実際の八百八町の家並を再現しようと、はめ絵のようにゴチャゴチャ並べてみましょう。と言っても、行き当たりばったりでは面白みに欠けるので、前図のように各頂点の周りが一様になるように、ただし今度は、家同士が壁面や床で接することのないように工夫すること

にしました。その結果，家がびっしり建て込んで，人の行き来もままなりません。

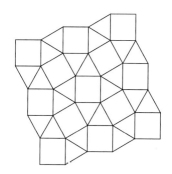

　△と□による敷き詰め模様の，2つ目の完成です。今度は，各頂点の周りに△と□が一様に（△△□△□）の順に集まっています。

　実は，△（正三角形）と□（正方形）の2種を用いた平面の敷き詰め模様は，頂点周りの一様性を条件にすれば，上記の2種類しかありません。

　　　△の内角を集めると，　60°, 120°, 180°, 240°, 300°, 360°
　　　□の内角を集めると，　90°, 180°, 270°, 360°

したがって，1種類による敷き詰めは

　　　（△△△△△△）と（□□□□）

「うろこ紋」と「市松文様」です。また，2種類による敷き詰めは，△3枚と□2枚からなる

　　　（△△△□□）と（△△□△□）

だけです。

正方形の円舞

9個の正方形の右上の頂点を図のように黒いゴム紐で結びました。そして，灰色の正方形を固定し，その周りの8個の正方形をずらしてやると……

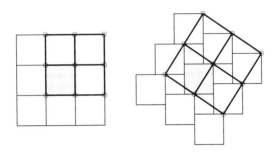

ゴム紐が作る4個の正方形は，大きさを変えながらも形を保ち，やがてまたもとの大きさに戻ります。

お気付きですね。和算書にも登場する，三平方の定理の「言葉のいらない」証明図（を敷き詰めた模様）になっているのです。

次に，9個の正方形を頂点どうしでうまくつなぎ，全体を捩るようにします。すると，今度は菱形の隙間が現れます。その菱形が正三角形2個分になったとき，八百八町の2つ目の敷き詰め模様になります。

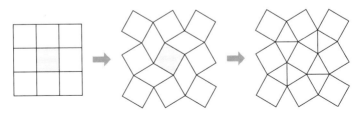

裁ち合わせパズル

この△と□の充填形を見ていると，鷲に見えたり，魚のエイに見えたりして，しまいに……。

裁ち合わせパズルが完成しました。

問題 1-2 鷲の形を直線で切って並べ替え，正方形を作ってください。

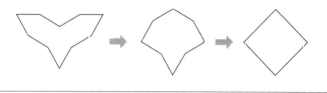

〈ヒントに代えて〉 出来上り図は，右の太枠で囲まれた正方形です。この面積は鷲の形と同じですから，ここには△4個と□2個分が入っているはずです。

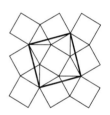

年賀状の図柄

問題 1-1 に戻ると，メールのやり取りが年末だったため，年賀状のデザイン画へと移行したのは当然です。その後，いくつかの図のやり取りがあったので紹介し，第1話に花を添えます。

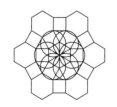  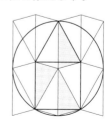

　前ページに並べた3つの図は，言葉のいらない証明図とも言えます。そして，上の美しいデザイン画は，実際に山﨑から送られてきた年賀状の図柄です。

　美しい形には，きっと美しい数理が隠れている。そして，その数理がまた新たな美しい形をもたらしてくれる。そんな思いを強くした素材でした。
　日本の幾何は「○△□の3種の図形が繰り広げる無限の世界」，とは言いすぎでしょうか。

コラム ■■■ 風車

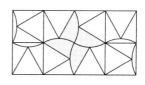

　○△□の大きさはそのままで，上のように位置をずらして敷き詰めると玩具の風車のような形が現われました。

　と言っても，正方形の対角線の一部に切り込みを入れて作るタイプの風車が広まったのは，明治以降にセルロイドが普及してからだそうです。

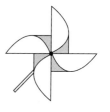

　では，江戸時代の風車はどんな形をしていたのでしょうか。下写真がその頃からの伝統を伝えていると言われる福島県の会津風車です[1]。8本の竹ひごに四角い紙を貼りつけてあります。神棚に飾る縁起物としても子供の玩具としても長年愛されてきました。

---

1) 写真は会津若松観光ビューロー提供。

これの原型となる風車は平安時代以前に中国から伝来したとされています。その当時の形は定かではありませんが、現代の中国によく見られるのは下のようなものだそうです。

4枚羽タイプの風車の由来ははっきりしませんが、歌川国貞の浮世絵に描かれている8枚羽の風車（右）が会津タイプの風車との間をつないでいるのかもしれません。

それでは、和算の裁ち合わせ風に、家から風車を作ってみましょう。

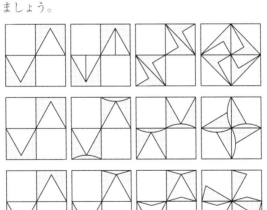

等積変形により、3種の風車が完成しました。

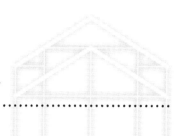

第2話 東方見聞録

ジパングの家

 マルコ・ポーロの伝えるところによれば,中国の東方には黄金の島国(ジパング)があるそうな。
 ここで「家」に関連した話題として,屋根が純金で葺かれた二層式の建物のお話をいたしましょう。

問題 2-1 下の図は,ジパングで見つけた家の側面図です。壁面には,大正方形4個,小正方形2個,長方形2個が図のようにはめ込まれています。

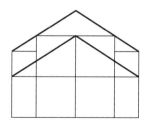

また,上の屋根は頂点を結ぶ直線に沿って,下の屋根は大正方形と長方形の頂点を結ぶ直線に沿って,それぞれ図

015

のように掛けられています。

　さらに，左右に掛けられた黄金の屋根は，それぞれ傾斜が等しく（平行に）なっているというのです。

　このとき，大小正方形の辺の長さの比を求めてください。

　この問題は，山﨑がユークリッドの『原論』の英訳版を載せたサイトを見つけたことがきっかけで生まれました。原論にある正十二面体の「正五角形平面の証明」に感動して問題図を作成し，五輪が作り話に仕立てました。

核心

　古代ギリシャ人の信じられないような厳密さには，誰しも驚かされますが，その証明の核心を，山﨑は「和算風の図」にとらえ直しました。

　「ユークリッドの証明をいいかえると，

　　　大きさの異なる正方形が下のように接しているときに，頂点を結ぶ図の2本の線分が平行であるなら，大小正方形の辺の長さの比は？

ということになる。」

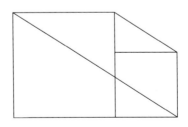

　答は，次に示す比です。

黄金長方形

ユークリッドの『原論』に「外中比」とある黄金分割。古代ギリシャ建築に取り入れられている，最も美しい比

$$\frac{1+\sqrt{5}}{2} : 1$$

を与える分割です。

右図で，線分 AB を AB : AP = AP : PB となるように点 P で分割しますから，

$$AB = x, \quad AP = 1$$

とすると，

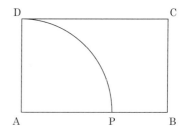

$$x : 1 = 1 : (x-1)$$

$x(x-1) = 1 \times 1$ として整理すると，$x^2 - x - 1 = 0$。この 2 次方程式を解いて，

$$x = \frac{1+\sqrt{5}}{2}$$

すなわち，

$$AB : AP = AP : PB = \frac{1+\sqrt{5}}{2} : 1$$

この分割は，AD = AP としてできる長方形 ABCD によって，視覚的に説明できます。

長方形全体から，AD を 1 辺とする正方形を切り取ると，残った長方形がもとの長方形と相似になるというもの。この長方形は「黄金長方形」と呼ばれます。

残った長方形から正方形を切り取ると，残りがまた，もとの長方形と相似。したがって，この操作を繰り返してゆくと，そのつどできる相似長方形の対角線は，垂直と平行を繰り返します。

第 2 話　東方見聞録

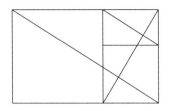

　古代ギリシャの流れを汲む,「西洋数学流」の視覚化と言えるかもしれません。

　これに対して,問題 2-1 は「正方形を辺でつなぐ」という設定になっています。同じことのようでも,だいぶ趣が違いますね。大小の折り紙を並べたような,あるいは角材を束ねたようなイメージです。

茅葺の屋根

　西洋流の操作を続けてみましょう。切り取られる正方形が螺旋状に辺でつながっています。

　一方,問題 2-1 のジパング流は,正方形が直線的に並べられます。渦巻きをほどく調子です。

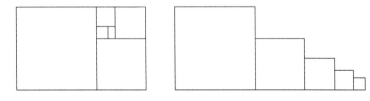

　ジパング流においては,もとの長方形は意識されず,正方形の列だけが注目されているのです。

　気になるのは,もはや隣り合う正方形の関係性だけ。無限の系列を尻目に,3 個だけを箱に詰めます。

問題 2-2 大中小の 3 個の正方形が，直角三角形の内に図のように収まっています。正方形の辺の長さを大きい順に a, b, c とします。このとき，

$$b^2 = ac$$

が成り立つことを示してください。

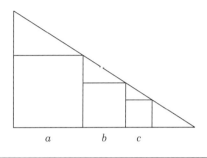

隣り合う相似直角三角形に目をやれば，

$$b : c = (a - b) : (b - c)$$

と分かりますから，これを解けばよいのです。

$b(b - c) = c(a - b)$ として簡単にすると，$b^2 = ac$。

b は a と c の平均　（相乗平均：$b = \sqrt{ac}$）

であることを示すこの関係式は，直角三角形の箱であればいつでも成り立ちます。$a = b + c$ という条件を加えると西洋流となり，比が黄金分割になりますが，問題 2-2 は黄金分割の一般的側面を取り出しているだけで，$a = b + c$ であることを要求していないのです。

黄金色に輝くジパングの家は，黄金（分割）の屋根ではなく，正方形が支える茅葺の屋根で作られていたのですね。

屋根の葺き替え

ところが，問題 2-2 の屋根を黄金に葺き替えて見せた和算家がいました。この問題に，$a=b+c$ を上手に盛り込んだのです。それも実に日本人的な手法で。

着目したのは，直角三角形の縦の方向。問題 2-2 では，直角の部分から始まって底辺方向に正方形を並べたので，「もう一方の隙間にも入れてやる」のは，和算家の心意気というものでしょう。

右の図で，3 つの正方形の辺の長さ a, b, d の間には，

$$\frac{a-b}{b} = \frac{d}{a-d}$$

という関係式が成立します。屋根との隙間にできる直角三角形がすべて相似だからです。

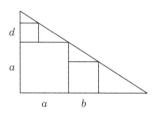

この等式を簡単にすると，

$$(a-b)(a-d) = bd \quad \text{から} \quad a(a-b-d) = 0$$

ここで，$a \neq 0$ ですから，$a = b + d$。

すぐそばにヒントがあったとは驚きです。和算家は，この関係と問題 2-2 の関係を合体させた図を提供しました。

> **問題 2-3** 問題 2-2 の図に，辺の長さが d の正方形を 1 個加えました。$d = c$ のとき，辺の長さの比 $a : b : c$ を求めてください。

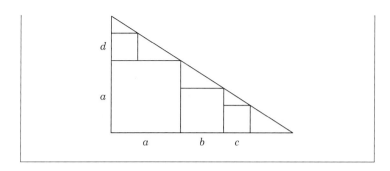

問題 2-2 の関係式

$$b = \sqrt{ac} \quad \text{すなわち} \quad b^2 = ac$$

に，等式 $a = b + d$ の d を c とした，$a = b + c$ が加わったのです。

両式で $c = 1$ とすると，

$$b^2 = a, \quad a = b + 1$$

a を消去して，

$$b^2 = b + 1$$

これを解いて，

$$a : b : c = \left(\frac{1+\sqrt{5}}{2}\right)^2 : \frac{1+\sqrt{5}}{2} : 1$$

当の和算家が気付かないうちに，屋根は黄金に葺き替えられていたのでした。

なお，問題 2-3 において，辺の長さが b, c の 2 つの正方形を，辺の長さが a の正方形に屋根ごと格納した図を添えておきます。この図も和算書にあるものです。

コラム ■■■ パルテノン神殿

　古代ギリシャの建築遺跡パルテノン神殿に黄金比率を初めて見出したのは，アメリカのエール大学教授ハンビッジといわれています（1924年）。正面から見たときの土台の幅と失われている屋根の頂点までの高さの比が黄金比だと論じて一世を風靡しました。しかしその後建物全体の詳しい研究がすすみ，むしろ床面の縦横比や屋根の勾配，柱の直径と間隔との比など，基本的な部分に9：4の整数比が多用されていることが明らかにされています（ジョージ・マコウスキー，1992年）。

　古今東西，屋根の勾配は気候条件や建築コストなどによってさまざまな形がとられてきたでしょうが，職人の勘としては，屋根の勾配を決める直角三角形の三辺の比を求める必要が，古代の幾何学を支えたことは疑う余地のないことのように思います。

　従来からさまざまに議論されてきたおよそ3700年前のバビロンの粘土板の数表について，オーストラリア・ニューサウスウェールズ大学のデビッド・マンスフィールド博士らは2017年に新説を発表しました。それによると15種類の直角三角形の三辺の比が，小数点以下5桁の精度で記録されているということです。　　　　　　■■■

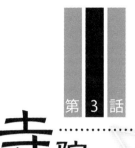

第3話 寺院

飛び石

　時は21世紀。場所は京都の古刹。三門をくぐり境内に進むと、御堂に向かって直線上に飛び石が敷かれています。正方形に切り出した同じ大きさの敷石を、頂点で巧みにつないだのです。それが長く続いているので、石が次第に小さくなって連なっているように見えます。

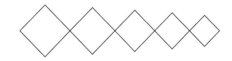

　この寺を、外国からの団体客が訪れました。その中に、かつて日本に留学した経験のある、数学好きのギリシャ人Gさんも含まれていました。彼は、飛び石を踏んで行きつ戻りつするうちに、隣り合う2つの正方形の大きさが異なり、頂点つなぎの角度が変わっても、共通の性質があることに気付きました。

問題 3-1 2つの正方形を頂点でつないだ下の図において，太い線で表した2本の線分は，長さが等しくかつ直交することを示してください。

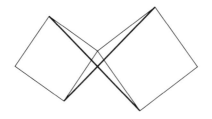

頂点を結んだ2つの三角形に気付いてしまえば，証明は済んだも同然。右の図に示す2つの三角形が合同で，かつ共通の頂点を中心に90°回転しているからです。問題は，この三角形に気付くかどうかなのです。

ユークリッドの証明

Gさんは歩きながら，この性質を連れの客に話し，
「これはね」
と言って，ポケットから手帳とペンを取り出しました。
「ほら，ピタゴラスの定理さ。ユークリッドの証明に使われる補助線を思い出したんだよ」
と，取り出した手帳に図解してみせました。

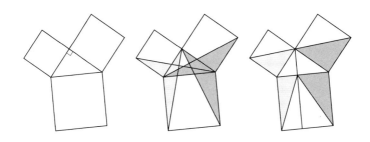

　ちょうどそのとき，寺のお坊さんが，大工のYさんを伴って通りかかりました。Yさんは日本の幾何に詳しいらしく，ギリシャ人のGさんの手帖をのぞき込みました。そして，問題3-1の図を見て言いました。
　「2つの正方形には，こんな問題もありますよ」

大工さんの問題

> 問題 **3-2**　2つの正方形を頂点でつないだ下の図において，灰色で示した2つの三角形の面積が等しいことを示してください。
>
>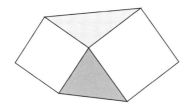

　これを聞いたGさんは，すぐさま図を手帳に写し取り，図解して大工さんに差し出しました。

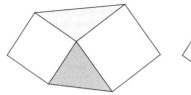 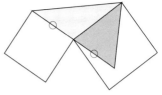

　灰色の2つの三角形は面積が等しい．そのことを図解して見せたのです．

　二人のやり取りを見ていたお坊さんが，我が意を得たりとばかり，語り出しました．

不思議な蝶

「この寺には，不思議な話が伝わっているのですよ」

　お坊さんの低いしかし張りのある声に，近くを通りかかった人が皆，足を止めました．

　その昔，この寺の裏山に不思議な蝶が棲んでいました．この蝶は2枚の翅(はね)だけで，胴体をもちません．2枚の翅はともに正方形または直角二等辺三角形で，ほとんど羽ばたきをせず，むしろ水面をなでるように，翅を平らにして前後にスイスイと動かすのです．まれにですが，左右の翅の大きさが異なる蝶も混じっています．

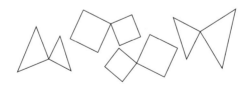

　その蝶たちがこの庭にやってくると，真っ先に池へ向かい，水面に翅を浮べて水を飲みました．その様は，曼荼羅のような幾何学模様を描いていたということです．

G さんの問題

お坊さんのお話が終わるのを待ちきれないかのように，G さんは手帳に新しく描いた図を示して言いました。

問題 3-3 正方形を頂点でつないだ下の図において，太い線で表した 3 本の線分は，1 点で交わることを示してください．

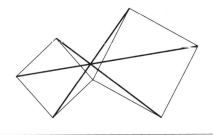

「その伝説，大変面白いです．頂点つなぎの正方形は非常にバランスが良いのです」

その証拠に，問題 3-1 や Y さんが投げ掛けた問題 3-2 が成り立っているばかりでなく，問題 3-3 も成り立っているというのです．

どこから手を付けたらよいか，難しそうな問題ですが，「問題 3-1 がすべて」と，G さんが説明しました．

まず，正方形の外接円を描きます．すると，直径に対する円周角が $90°$ であることと問題 3-1 より，図の太い線の交点は 2 つの円の交点の 1 つ（S とする）に一致します．

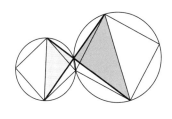

第 3 話 寺院   027

次に，2円の交点どうしを結ぶと，再び直径に対する円周角が90°であることから，図の太い線分はSを通ります。

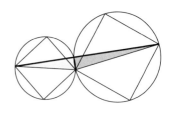

この結果，問題3-2の3本の太い線分は，2つの正方形の外接円の交点の1つで交わることが分かりました。これは，伝説の蝶がどこまでも釣り合いのとれた存在であることを物語っています。

新たな伝説

もっとあります，とGさんが示したのが次の問題です。これが事実なら，蝶の安定感はゆるぎないものとなるはず。やはり，問題3-1が根拠になっているようです。

問題 3-4 2つの正方形の中心 E, F を取ります。また，頂点を結ぶ線分 AD, BC の中点 G, H を取ります。このとき，四角形 EHFG は正方形となることを示してください。

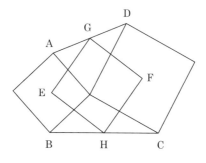

実際，△ABC と △CDA，△ABD と △BCD に「中点連結定理」を用いると，

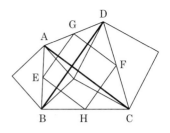

$$EH = GF = \frac{1}{2}AC,$$
$$EG = HF = \frac{1}{2}BD$$

であり，問題 3-1 より，AC⊥BD かつ AC = BD。よって，四角形 EHFG は正方形であることが示されました。

伝説の蝶には，胴体がありました。それは，見る者がその存在に気付くことで初めて姿を現す，透明な正方形だったのです。

空想

蝶の話は，伝説というより，お坊さんの連想・空想の産物。もしかしたら，外国人をもてなす即興のお話だったのかもしれません。

ギリシャ人の G さんが示した問題 3-4 を受けて，お坊さんの連想は飛び石に飛び移りました。

これまで出てきた頂点つなぎの正方形の性質は，正方形の大きさとつなぐ角度に依らず成り立ちます。そこで，寺の飛び石より自由な並びを思い浮かべました。

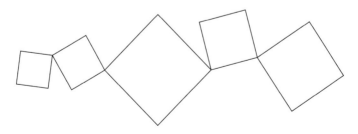

ここに，問題 3-4 で得られた正方形を重ねてゆきます。

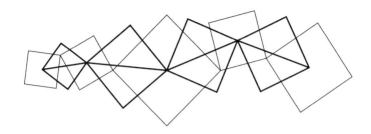

　上に重ねたのは，隣り合う正方形の中心を結んだ線分を対角線にもつ正方形の連なりです。したがって，これを続けるのは，中心を結ぶ折れ線の推移を想像すればよいのです。

　やがて，お坊さんの頭の中には，寺の裏手に広がる風景が浮かんできました。

　遥か彼方に連なる急峻な峰々が，次第になだらかな起伏に転じ，平原と化して手前に広がっています。そこには，透明な体をもつ幻の蝶が「てふてふ」と飛んでいました。

コラム ■■■ 飛び石

「飛び石」は英語では stepping stones と言うそうですが，小川を渡るために作られた石の並びを指すことが一般的なようです。その意味では，庭を歩くために並べられた日本の飛び石は〈和〉を象徴するデザインの1つと言っていいでしょう。

茶室に招く客人の履物が濡れないようにとの，茶人の配慮から始まったとされる飛び石は，当初も現在もさまざまな形の自然石がおもに用いられています。

ところが，「茶禅一味」と称され茶道と流れを同じくする禅宗のお寺のなかには，正方形の切石を幾何学的に配置したスタイリッシュな飛び石が残されているところがあります。京都南禅寺の天授庵（写真左[1]）や金地院（写真右[2]）などがよく知られている代表例ですが，その作者は江戸時代初期の大名にして茶人，今日では日本のレオナルド・ダ・ヴィンチとも称される小堀遠州と伝えられています。

---

[1] hiro 氏撮影，クリエイティブ・コモンズ「表示-継承 1.0」のライセンス下での提供画像。https://ja.wikipedia.org/wiki/天授庵.JPG
[2] 「京都もよう」http://kyotomoyou.jp/ より。

このように,1方向に繰り返す敷き詰めパターンは帯文様と呼ばれ,7種類あることが明らかにされています。(『文様の幾何学』,川﨑徹郎著,牧野書店)

正方形の切石だけを使って7種類の帯文様を構成してみたのが,次の図です。

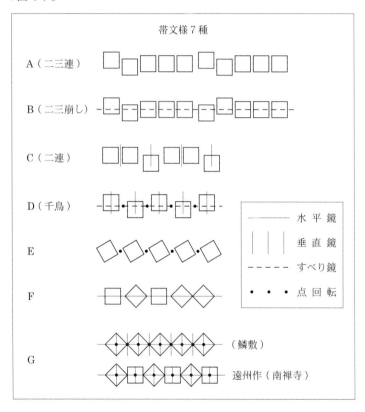

今回筆者が創作したEとFは実際の飛び石には存在しないかもしれません。AからDの伝統的な飛び石の打ち方と比べると,遠州作と伝えられる飛び石が,とりわけ対称性の高いパターンになっていることが見て取れることでしょう。

第4話 窓

半月の窓

寺のお坊さんは，
「珍しいものをお見せしよう」
と言って，大工のYさんと一緒に，ギリシャ人のGさんを庫裡(くり)へ連れてゆきました。

案内された部屋には，廊下に面した壁に窓がありました。その窓は，ちょうど半月の形に切られていて，そこに細い桟(さん)が3つの正方形をなすように，バランスよくはめ込まれているものでした。

「これは，Yさんが」
と切り出すお坊さんの説明を遮るように，Gさんが口を挟みました。

「これ，さっきの」

お坊さんがにっこり笑ってYさんに目配せすると，この窓をこしらえたYさんが，Gさんに説明を始めました。

「こちらのお坊さんは，変わったものがお好きなんですよ。さすが，Gさん。蝶だと気付きましたね」

Yさんは感心したようにGさんを見上げ，

「実は,江戸時代に書かれた和算書に,この窓と同じ形の問題図があるのですよ。その図を私が気に入って,窓の形にしてはどうでしょうと,お勧めしたのです」

どうやら,和算の問題図に伝説の蝶を重ねて製作した,創作窓のようです。

Gさんは大きくうなずいて,早速,和算書にあるという問題を教えてもらいました。

> **問題 4-1** 半径 r の半円があり,これに,頂点でつながった3個の正方形が図のように内接しています。
>
> このとき,中央(灰色)の正方形の辺の長さを半円の半径 r で表してください。
>
>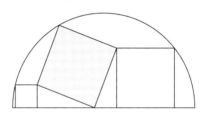

ガーフィールドの証明図

この図を見たら思い出した,というGさんの話です。

図を眺めているうちに,ピタゴラスの定理の証明に使われていた図とよく似ていることに気が付きました。

正方形の辺の長さを,右から順に a, b, c とします。

すると,右の図で,三角形の面積公式と台形の面積公式より,

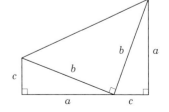

$$\frac{1}{2}ac + \frac{1}{2}ac + \frac{1}{2}bb = \frac{1}{2}(a+c)(a+c)$$

両辺を 2 倍して整理すると，$b^2 = a^2 + c^2$。　　　　　　　　　■

これは，第 20 代アメリカ大統領ジェームズ・ガーフィールドによるピタゴラスの定理の証明法と伝えられています。

このことから，上の和算の問題は，

> 直角三角形の 3 辺に立てた正方形を頂点つなぎで一直線上に置いたときに，残りの 3 つの頂点が半円周に接する特別な場合は何か

という問いに言い換えることができるということです。

確認のために，よく知られた 3 : 4 : 5 の直角三角形で試してみました。しかし，右のように隙間ができてしまいました。

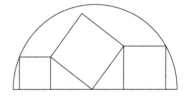

どうやら，3 : 4 : 5 の直角三角形よりもっと細身の形にしなければならないようです。

意外

いかにも和算的な発想。G さんもだいぶ日本に慣れてきたようです。

今度は，G さんの分析を受けての Y さんの話。

この和算問題の答は，

$$b = \frac{4r}{\sqrt{35}}$$

すなわち，$16r^2 = 35b^2$ というきれいな関係式です。

これを見て Y さんは思いました。

「美しいが，この関係に a, c が絡んでいないことが意外だ」

半円が与えられれば，中央の正方形は先の関係式によって大きさ・位置が確定し，後は，直径に平行，垂直に補助線を引けば左右の正方形が描ける。それが出題者の眼目だったのでしょう。

　しかし，作り手としてはこの式だけでは「目分量」に頼るしかありません。左右にできる長方形が正方形となるための「寸法」がほしいところです。左右に正確な正方形を添えてこそ，この窓は美と調和を兼ね備えているのですから。

　Yさんの分析は続きます。

埋蔵金

　次の図の灰色部分の三角形は，3辺の長さがいずれも (a, b, c) の直角三角形です。

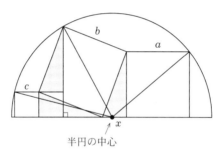

半円の中心

　辺長 a の正方形の頂点への半径と，辺長 c の正方形の頂点への半径が等しいことから，

$$a^2 + (a+x)^2 = c^2 + (c+a+c-x)^2$$

整理すると，

$$4(c+a)x = 5c^2 + 4ca - a^2$$

右辺を因数分解して，

$$4(c+a)x = (c+a)(5c-a)$$

よって，

$$4x = 5c - a \quad \cdots\cdots ①$$

また，辺長 a の正方形の頂点への半径と，辺長 b の正方形の頂点への半径が等しいことから，

$$a^2 + (a+x)^2 = (a+c)^2 + (a-x)^2$$

整理すると，

$$4ax = 2ca + c^2 \quad \cdots\cdots ②$$

①，②から x を消去して，

$$a(5c - a) = 2ca + c^2$$

したがって，

$$a^2 - 3ca + c^2 = 0$$

$a \, (> 0)$ についての2次方程式を解いて，

$$a = \left(\frac{3 + \sqrt{5}}{2}\right) c$$

ところが，黄金数 $\tau = \dfrac{(1 + \sqrt{5})}{2}$ を用いて表すと，τ は2次方程式 $x^2 = x + 1$ の解ですから，

$$\frac{3 + \sqrt{5}}{2} = \tau + 1 = \tau^2$$

したがって，$a = \tau^2 c$。

なんと，ここにも和算の「埋蔵金」が眠っていたのです。

名コンビ

Yさんによれば，問題 4-1 の和算家の術は，次の図のように補助線を引き，直角三角形，合同・相似形を見出して解くもの。

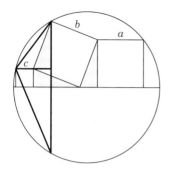 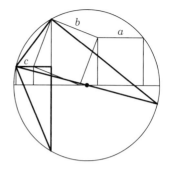

　手慣れた式変形により，
$$(a+c)^2 = 5ac$$
すなわち，
$$b^2 \ (=a^2+c^2) \ = 3ac$$
という関係式を導いています。これは結局，Yさんの得た $a^2 - 3ca + c^2 = 0$ と同じ式ですが，和算家は a, c の直接の関係には目もくれず，r, b の関係へと向かっています。しかし，その術は日本の幾何らしい着眼であり，優れた計算技術と言えるでしょう。

　さて，この話に聞き入っていたGさんが，Yさんに問い掛けました。
　「和算家の解法は，旅の楽しみに取っておきます。でも，Yさんの分析もすばらしい！」
　西洋風と感じたのでしょう。Yさんの導いた関係式 $a = \tau^2 c$ から，問題4-1の答の等式 $16r^2 = 35b^2$ が得られないか，という誘いです。
　「Yさんの図で，
$$r^2 = a^2 + (a+x)^2$$

$$b^2 = a^2 + c^2$$

この式に，$4x = 5c - a$ （①）と $a = \tau^2 c$ を使って，x と c を消去してみましょう」

ということになり，

（Gさん）
$$a + x = a + \frac{5c - a}{4} = \frac{3a + 5c}{4} = \left(\frac{3\tau^2 + 5}{4\tau^2}\right)a$$
$$r^2 = a^2 + (a+x)^2 = \left\{1 + \left(\frac{3\tau^2 + 5}{4\tau^2}\right)^2\right\}a^2$$
$$= \left(\frac{25\tau^4 + 30\tau^2 + 25}{16\tau^4}\right)a^2$$

（Yさん）
$$b^2 = a^2 + \left(\frac{c}{\tau^2}\right)^2 = \left(\frac{\tau^4 + 1}{\tau^4}\right)a^2$$

「では，私が」

黄金数の計算に手慣れたGさんが，二人の結果から a^2 を消去します。
$$\frac{r^2}{b^2} = \frac{25\tau^4 + 30\tau^2 + 25}{16(\tau^4 + 1)} = \frac{25(3\tau + 2) + 30(\tau + 1) + 25}{16\{(3\tau + 2) + 1\}}$$
$$= \frac{105(\tau + 1)}{16 \times 3(\tau + 1)} = \frac{35}{16}$$

半円の中心からの微妙な「ずれ」x をよりどころにして，黄金数という埋蔵金を手土産に一件落着です。

匠の技

では，Yさんは窓の設計図をどう描いたのでしょうか。

「勘ですよ，勘」

Yさんはそう言って苦笑いしましたが，Gさんは離しません。

「直角三角形から決めていったんでしょ？ 自分でそう言いましたよ」

Gさんには，もうお見通しです。

「あはは，そうでした。和算家の答からは描きにくいので」

辺の長さが (c, a, b) の直角三角形のことです。

そもそも，$(3, 4, 5)$ では外接する半円が描けない，というのはYさん自身の動機だったのですから。苦笑いしたのは，Gさんと同じことをすでに確かめていたからでしょう。

「実は，和算に登場する2つの図を意識したのです」

Yさんが示したのは，算額にある「正三角形とその外接円，及び弦」の図。2辺の中点を通る弦が，その2辺と円周によって黄金分割されるという優れものです。

この分割された線分上に正方形を3個作図すると，これは和算書にある，大中小3個の正方形の図。辺の長さの比が，

　　小：中：大 $= 1 : \tau : \tau^2$

となっているものです（第2話参照）。このうち，小正方形と大正方形が，辺の長さを c, a とした「名脇役」に当たります。

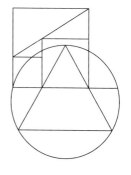

Yさんは，まずこの図を描き，それをもとに，頂点つなぎの正方形を設計したとのこと。脇役に支えられて，主役の正方形が中央に登場します。

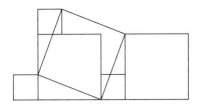

仕上げは半円です。

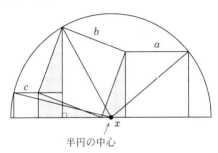

Yさんの図・分析から，
$$c : a : b : r = 1 : \tau^2 : \sqrt{3}\tau : \frac{\sqrt{105}}{4}\tau$$
と分かりますから，$c=1$ として，
$$x = \frac{5c-a}{4} = \frac{5-\tau^2}{4} = \frac{4-\tau}{4}$$
これより，
$$c - x = 1 - \frac{4-\tau}{4} = \frac{\tau}{4}$$

したがって，次図において，灰色の正方形を4分の1に縮小してその右に添えれば，半円の中心が得られます。

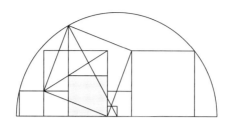

　かくして,正確な設計図が描かれ,手入れの行き届いた大工道具と匠の技によって,半円形の美しい窓が完成したのです。

　GさんとYさんは,この窓から見える庭の飛び石を眺めながら,頂点つなぎの正方形のさまざまな形態を思い浮かべました。そして,3個の正方形が半円の枠にピタリとはまった形の美しさの源が,そこに眠る黄金数の輝きであることを確信しました。

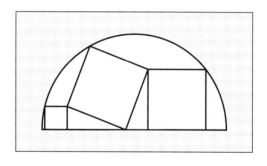

コラム ■■■ 丸窓

ヨーロッパの建築物は石積み構造のものが多かったために、窓を空けるために、上部を半円形のアーチ構造にして建物の強度を保つ半円アーチ窓が生まれました（写真左）。

他方、教会などでステンドグラスを円形に配した「バラ窓」は神を象徴する太陽を象（かたど）ったものとされています（上写真右）。

日本の建築物は木造で、柱と梁で支えるのが基本ですから、壁に空ける窓の形に構造上の制限はありません。それでも四角い窓が多いのは、作りやすさからでしょう。

ところが、中世に大陸から禅宗文化が伝えられるとともに、丸窓が出現します（上写真[1]）。真円は宇宙を表すとも、悟りの境地を象るともいわれます。と同時に、ステンドグラスのような装飾ではなく、自然の景色そのものを取り入れるところに、森羅万象に神性を見出す日本人の精神性があらわれているのでしょう。　　　　　■■■

---

1) 雪舟寺の丸窓。「京都を歩くアルバム」http://kyoto-albumwalking2.cocolog-nifty.com/blog/2009/06/post-1ac3.html より。

第5話 掛軸

墨画

お坊さんが次にギリシャ人のGさんに見せたのは,床の間の掛軸です。そこにも,正方形だけの絵が描かれていました。

その掛軸を前にして,大工のYさんは言いました。

「日本には,数学の問題を書いた額を,神社やお寺に奉納する習わしがあったのですよ。『算額』といってね」

その中に,この掛軸の絵とよく似た図の問題があるというのです。お坊さんが気に入って,自ら墨画を描いたのだそうです。

虚無僧

問題 5-1 図のように,頂点同士でつながっている4つの正方形があります。この4つの正方形の面積の関係を調べてください。

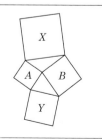

Yさんによれば，正方形3つを頂点でつないだ図も別の算額にあったとのこと．その図に正方形を1つ加えた形だそうです．虚無僧に似た図の深編み笠の部分です．

　以下は，ギリシャ人Gさんと大工Yさんの筆談・図形談の様子をまとめたものです．

　次の図は，Gさんが庭で手帳に描いた図（正方形の隙間にできた2つの三角形の面積は等しい）に，文字を添えたものです．この図をもとに，Yさんが説明しました（a, b, x, yは，それぞれ正方形A, B, X, Yの辺の長さ）．

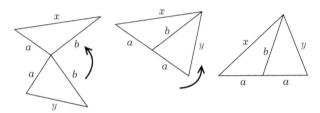

　ここで，次の図のように垂線を下し，3つの直角三角形にピタゴラスの定理を用いると，

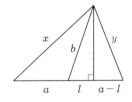

$$x^2 - (a+l)^2 = b^2 - l^2$$
$$y^2 - (a-l)^2 = b^2 - l^2$$

整理して，

$$x^2 = a^2 + b^2 + 2al$$
$$y^2 = a^2 + b^2 - 2al$$

（余弦定理と呼ばれるこの等式を，和算家もよく用いていたとは，Yさんの話．あくまで長さの関係式として．）

　さあ，2つの等式の両辺を加えることにより，

$$x^2 + y^2 = 2(a^2 + b^2)$$

という,すばらしい等式が得られました。

これを見て驚いたのは,Gさん。

「あっ,中線定理だ!」

古代ギリシャ人の発見した定理が,虚無僧の図から出てきたのですから,びっくりするのも当然。問題 5-1 の図は,この有名な定理を正方形の面積間の関係としてとらえ,目に見える洒落た形に表現したものだったのですね。

眠そう

Yさんが言うには,おまけがあるとのこと。上記の一般的な結果は結果として,形の面白さを見せておきたいのは,日本人の特徴でしょうか。次のような算額図もあると,Gさんの手帳を借りて示しました。虚無僧が横になって「眠そう」です。

> **問題 5-2** 下図のように,正方形 X, A, Y の1つずつの頂点が一直線上に並ぶのは,A, B の辺の長さの比が
>
> $$a : b = 1 : 2$$
>
> のときであり,このときに限ることを示してください。

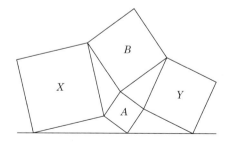

この図を見て，Gさんがすかさず反応しました。正方形の隙間にできた三角形どうしも頂点つなぎになっていますが，これらは面積が等しいだけでなく，いろいろな関係があるというのです。その中の1つを，Gさんは手帳に図を描き，次のように説明しました。

　次の図で，点Tを通って直線PQに垂線を引くことにより，二組の合同な直角三角形を作ることができます。

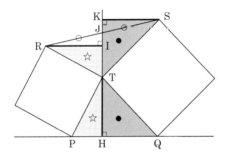

$$\triangle PHT \equiv \triangle TIR, \quad \triangle QHT \equiv \triangle TKS$$

これにより，3本の太い線分はすべて同じ長さになります。

$$IR = KS \quad (= HT)$$

したがって，$\triangle RIJ \equiv \triangle SKJ$ となり，

$$JR = JS$$

「点Jは，線分RSの中点である」ことが分かりました。

　このことを，X と A，A と Y でも確かめたのが，次の図です。

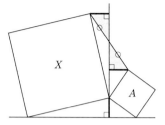
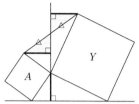

Gさんの話は続きます。

「もう1つ,注意しておきたいことがあります。

2直線 PQ, RS が平行になるのは,T を通る PQ の垂線と,同じく T を通る RS の垂線が一致するときです」

と言って,頂点つなぎの2つの正方形の図に,2本の垂線を引きました。

納得したYさん。

「そうか,二等辺三角形のときか」

したがって,2つの正方形が同じ大きさのときに限るというわけです。

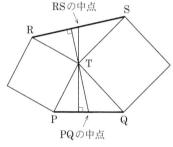

「これで,準備万端」

Yさんが描いた「眠そう」な虚無僧に,Gさんが最後の補助線を入れました。

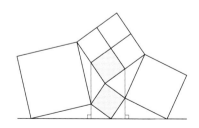

「ここ，ここ」

そう言って，Gさんは指で2つの灰色の正方形をコツコツ叩き，Yさんの肩に手を置きました。

Yさんとお坊さんは，ギリシャ人のGさんが描いた図を何度も見直しながら，その説明に使われた論理を頭の中で反芻しています。その間，Gさんは二人を嬉しそうに見守っていました。

畳む

黙って聞いていたお坊さんが，口を開きました。

「今，ふと考えました。和算家はこの問題にどうして気付いたのか」

お坊さんは自室へ戻って，和紙を数枚持ってきました。それを適当に折って2枚の正方形を作り，畳の上に並べました。頂点つなぎです。

「これまでの話に出てきた性質は，正方形が頂点でつながってさえいれば成り立つのですね。では，2つだけつなぎます。問題図 5-1 の A, B だと思ってください」

そう言って，正方形を回転させました。2つの正方形の辺どうしがくっ付くまでです。

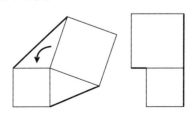

一方で，Gさんから手帳を借りて，問題 5-1 の図を示し，
「X, Y は大きさが変わりますが，辺の関係（面積の関係）

$$x^2 + y^2 = 2(a^2 + b^2)$$

は保たれます」

 お坊さんは和紙を取って，今度は畳の上の A, B に合わせて正方形 X, Y を作り，下の図のように並べました。

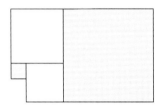

 「虚無僧が寝ころんだので，いっそのこと畳んでしまえ，と思ったのです。ところが，このように欠けたところができてしまいます。それができないような……」

フィボナッチ数列

 さあ，今度は G さんが驚きました。お坊さんの言葉を遮って，
 「うわあ，なんてうまくできてるんだ」
 そう叫んで，お坊さんから手帳を奪い，正方形を辺でつなぐように，4つ描きました。

$$a : b = 1 : 2$$

とした図です。このときだけ，お坊さんの言う「虚無僧を畳んだ図」が，凹凸のない四角形「長方形」となるのです。

 「こういうのを，日本のことわざで何というのでしょう。棚から瓢箪……，違ったか。とにかく，思わぬところにフィボナッチ数が現れたのです」

Gさんは,さらに正方形を継ぎ足しました。

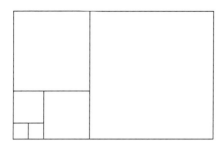

「少し,問題から離れますよ」

最小の正方形の辺の長さを1として,小さい方から辺の長さを並べると,

$$1, 1, 2, 3, 5, 8, \cdots\cdots$$

この数列がどう続くかは,Gさんが示す図で一目瞭然です。

「この数列は公式の宝庫と言ってもよいくらい,数多くの公式が発見されているのです。ここにもありました」

Gさんが嬉しそうに話したのは,辺の関係

$$x^2 + y^2 = 2(a^2 + b^2)$$

すなわち,三角形の中線定理が虚無僧の姿を借りた,正方形の間の面積の関係についてです。

n 番目のフィボナッチ数を F_n で表すと,

$$\{F_n\} : 1, 1, 2, 3, 5, 8, 13, \cdots\cdots$$
$$\{F_n^2\} : 1, 1, 4, 9, 25, 64, 169, \cdots\cdots$$

面積の関係式をこの数列で表現すると,

$$1 + 9 = 2(1 + 4) \quad \to \quad F_1^2 + F_4^2 = 2(F_2^2 + F_3^2)$$

となるというのです。

問題 5-2 から離れて，この式を項をずらして試してみると，

$$1 + 25 = 2(4 + 9) \quad \to \quad F_2^2 + F_5^2 = 2(F_3^2 + F_4^2)$$
$$4 + 64 = 2(9 + 25) \quad \to \quad F_3^2 + F_6^2 = 2(F_4^2 + F_5^2)$$
$$9 + 169 = 2(25 + 64) \quad \to \quad F_4^2 + F_7^2 = 2(F_5^2 + F_6^2)$$

以下同様で，

$$F_n^2 + F_{n+3}^2 = 2(F_{n+1}^2 + F_{n+2}^2)$$

という等式が，すべての自然数 n について成り立つというものです。これは数列の成り立ちを示す

$$F_n + F_{n+1} = F_{n+2}$$

からの当然の帰結ですが，正方形の面積を感じさせてくれる面白い式です。具体例の右辺からは $F_n^2 + F_{n+1}^2 = F_{2n+1}$ も見えます。

また，先に示した問題 5-2 の「眠そう」を畳んだ図で，長方形の面積を考えると，

$$1 + 1 = 1 \times 2 \quad \to \quad F_1^2 + F_2^2 = F_2 F_3$$
$$1 + 1 + 4 = 2 \times 3 \quad \to \quad F_1^2 + F_2^2 + F_3^2 = F_3 F_4$$
$$1 + 1 + 4 + 9 = 3 \times 5 \quad \to \quad F_1^2 + F_2^2 + F_3^2 + F_4^2 = F_4 F_5$$

という等式が次々に成立します。

顔を紅潮させて熱弁をふるう G さん。図と式を見比べながら，何とか付いて行こうとする Y さんとお坊さん。西洋と日本の国際交流です。

やっこさん

締めくくりは，Y さんの話。彼は，問題 5-2 の和算家の術を心得ていました。図の左下と右下に平行四辺形を付け加えるのです。

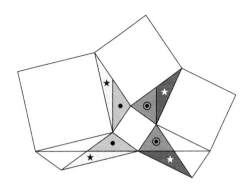

　Yさんの描いた図は，まるで「やっこさん」のようです。2つずつ同じ濃度で灰色に塗り分けた四組の三角形は，それぞれ合同になるというのが，和算家の目の付け所。

　分けて示すと，まず次の二組がそれぞれ「二辺とその間の角が等しい」ので合同。

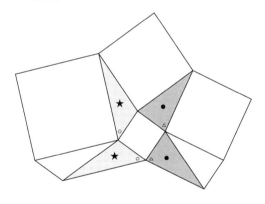

　次に，各三角形をそれぞれの中線で分割します。それがYさんの図でした。その四組の合同な三角形のうち，二組を取り出します。

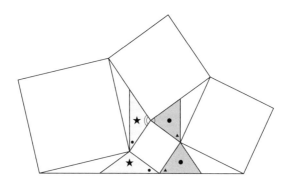

この図で,●+▲=90°となる条件を求めるのです。

Gさんがまたもや登場。

「そのうち,1つずつを取って回転してくっつけると,1つの三角形ができます。

すると,求める条件は
$$a = \frac{b}{2}$$
なるほど,証明できました」

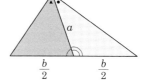

そのとき,外でGさんを呼ぶ声が聞こえました。団体さんの出発時間のようです。我に返ったGさんは暇乞いもそこそこに,すでに三門へ移動した団体客の方へ急いで戻りました。そして振り返って,美しい寺のたたずまいを名残惜しそうに眺めました。

庫裡では,お坊さんとYさんが,フィボナッチ数を辺の長さに持つ正方形を和紙で作り,それを次のように並べているのが見えました。

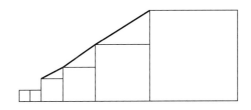

　もしかしたら，そろそろ解体修理の必要な本堂の，屋根の勾配でも考えているのかもしれませんね。

第6話 遊具

おもちゃ箱

○と△だけの積み木が，直角三角形の箱に収められています。ただそれだけのことなのに，なぜか気になる形。積み木職人は，この箱に何を隠したのでしょうか。

問題 6-1 大小の2個の円と正三角形が，直角三角形の内に図のように収められています。

大円の半径を3，小円の半径を1とするとき，正三角形の辺の長さを求めてください。

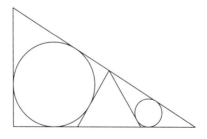

056

「積み木職人」とは，もちろん出題した和算家のことです。大小の円の半径を 3:1 にしたのには，何か訳があるのでしょうか。直角三角形に収めるには，2円を同じ大きさにすることはできません。変えればよいとはいっても，10:9 くらいだと，相当長い箱になってしまいます。

また，正三角形の辺の長さをたずねているのは，作り手の立場からすれば当然の問いなのでしょうか。

シーソー

箱が気に入って買ってきたら，中身はそれほどでなかった，という経験はどなたもお持ちでしょう。

この問題でも箱は飾りであり，むしろない方が問題の本質がつかめるかもしれません。

○2個と△だけ。でも，直角三角形の箱に入っていたという記憶は残っています。となれば，タイトルは「シーソー」や「天秤」以外には考えられません。

問題 6-2 高さ h の正三角形があり，その底辺の延長線と頂点を通る直線 l を引きます。

直線 l を，頂点を支点にして動かすとき，2直線に接し正三角形に外接する2円の半径 a, b の関係を調べてください。

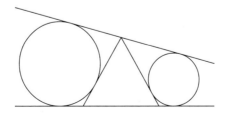

美しい図には，美しい解法がある。そう信じて，子供目線でギッコーン，バッターンを楽しんでみましょう。

　追伸：あなたが女性なら，もうお見通しかも。She saw!

特別な場合

　正三角形はシーソーの支点を与える台の役目。底辺の延長は地面。直線 l はシーソーの板であり，正三角形の左右の辺に付くまで動きます。板の端が地面にぶつかって邪魔をしないように，長さをうまく調節してください。また，左の円の半径を a，右の円の半径を b $(a \geq b)$ とします。

　では，特別な場合と極端な場合について見てみましょう。

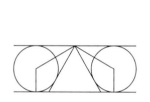 

　左の図では $a = b = \dfrac{h}{2}$，右の極端な図では $a = h, b = 0$。シーソーの板が左の図から右の図へ動くにつれて，

$$a: \ \dfrac{h}{2} \to h, \qquad b: \ \dfrac{h}{2} \to 0$$

と変化しますね。

やじろべえ

　図をいくつか並べて眺めているうちに，誰でも「あれ？　ひょっとすると……」と思いつくことがあります。和算家は，この種の思いつきを超えた，優れた直感力を持っていたようです。私たちもそれに倣ってみましょう。

　シーソーの動きを支えるのは，その支点。円の位置を定めるの

はその中心。とすれば，これらの不動点と動点を結んでみるといいことがあるかもしれません。

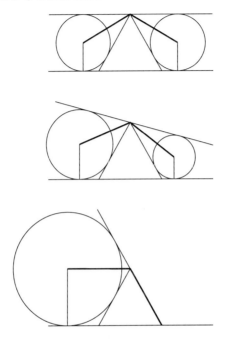

「やじろべえ」が現れました。

シーソーの板が傾くに従って，腕の長さは明らかに変化します。しかし，左右の腕の長さはどの位置でも等しいように見えますね。また，腕の開き具合はどうでしょう。

ジャングルジム

△の骨組みを持つジャングルジムから，シーソーをのぞいてみました。

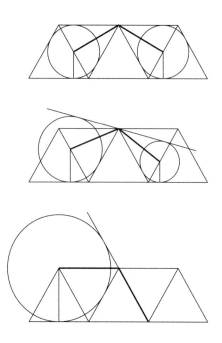

見えてきたのは相似形，特に合同な三角形です。

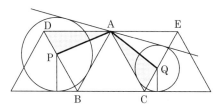

△ADP と △ACQ において，

AD = AC

∠ADP = ∠ACQ = 60°

また，AP と AQ は，それぞれ AB, AC と直線 l（シーソー板）のなす角の二等分線。したがって，

$$\angle \text{BAP} + \angle \text{CAQ} = \frac{180° - 60°}{2} = 60°$$

一方,

$$\angle \text{BAP} + \angle \text{DAP} = 60°$$

でもありますから,

$$\angle \text{DAP} = \angle \text{CAQ}$$

単なる「見た目」や思いつきではありませんでした。

$$\triangle \text{ADP} \equiv \triangle \text{ACQ} \quad (\text{一辺とその両端の角が相等しい})$$

であることが示され,

$$\underline{\text{AP} = \text{AQ}}$$

無事,腕の長さが等しいことが分かりました。と同時に,

$$\angle \text{PAQ} = 120°$$

であることも判明しました。

前に掲げた一連の図でご確認ください。両腕の長さは,

$$h \to \frac{2}{\sqrt{3}}h$$

正三角形台の高さから辺の長さへと変化します。

ここまでくれば,もう終わったも同然。ちょいと補助線を書き加えるだけで,2 円の半径 a, b の関係を求めることに成功します。結論は,ずばり

$$\underline{a + b = h}$$

これによって,問題 6-1 も解決しました。どうぞ,お確かめください。

台の形を変える

問題 6-2 をこのまま発展させることにしましょう。

正三角形の台を一般の二等辺三角形に形を変えます。頂角の頂点がシーソーの支点です。

こうしても，やじろべえの両腕の長さは（伸び縮みはするものの）等しいのです。

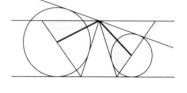

その間の角も一定ですが，ただし 120° ではなく，

　　90° ＋（台の頂角の半分）

です。

支柱に替える

ここまで，おもちゃ箱からシーソー作りに転じた筆者たち。遊具も手掛ける山崎が，台が邪魔にならないようにと，ついに一本の支柱だけにしてしまいました。

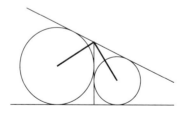

すると，支柱はもう単なるシーソーの支柱ではなく，2円の「共通内接線」の役目を負ったのです。とすれば，地面とシーソー板を表す二直線は 2 円の「共通外接線」。

ここからはもう，遊具作りは眼中にありません。

正方形が出た

　補助線をもう1本引くのは，自然の成り行き。共通接線は，内外それぞれ2本ずつあるからです。

　実際に引いてみると，2円の中心を通る直線に関する対称性から，もう一人の「やじろべえ」が現れます。

　二人が手をつないだ形は正方形。台を支柱にしたことを思い出せば，「頂角0°」ですから，両腕のなす角は直角。2個の円が正方形を作りだすという，美しい図が出てきました。

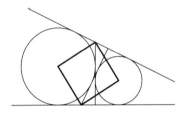

　これは，内と外の共通接線が1本ずつ直交している，特別な場合に当たります。このとき，内と外の直交していない方の交点2個と2円の中心を結んだのが正方形をなしているということです。

視点を変える

　離れている2円と4本の共通接線だけ。2円の隙間にあった二等辺三角形の支柱・支点は，もう消えてなくなっています。

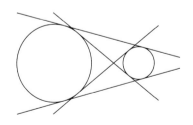

　まず，内外共通接線の交点1個と2円の中心を結びます。

すると，2本の線分は長さこそ違うものの，なす角はいつも90°です。このことは，他の接線どうしの交点でも同じですから，4本の接線が作る4個の交点は，2円の中心を結ぶ線分を直径とする円周上にあります。

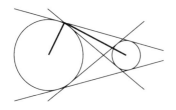
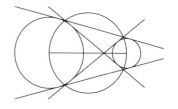

次に，2円の中心と共通外接線上の点を結んで菱形を作ります。二人の「やじろべえ」ですね。このとき，2円の隙間には二等辺三角形がピタリと収まる，という理屈です。

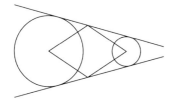
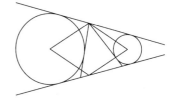

2円が接近して図の菱形が正方形になったとき，二等辺三角形は退化して，共通内接線に一致するのでした。

職人技

それにしても，シーソーのバランスはお見事でした。

$$a + b = h$$

という結果は，

$$\frac{2a + 2b}{2} = h$$

すなわち，2個の円は

「一方が大きくなると,他方が小さくなる」
というシーソーゲームを繰り返しますが,それらの直径の平均は,台(正三角形)の高さに等しい定数であるというのですから。

問題6-1にシーソーを隠した和算家の技の冴え。一番の宝物は見せずに,○と○の隙間飾りとして正三角形を入れただけの素朴なおもちゃ箱。

一般を内に秘めつつどこまでも個別の,素朴な構図を楽しむ職人の笑みが浮かんできます。

シーソーの傾きを調節して,公園の水飲み場を設計してみました。

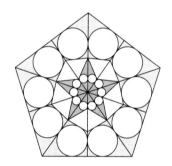 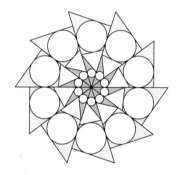

コラム ■■■ やじろべえ

　やじろべえは，弥次郎兵衛と今日では書きますが，これは『東海道中膝栗毛』の主人公の名を充てたものだそうです。語源としては与二郎という門付(かどづけ)が，笠の上でこれを舞わせて見せて銭をもらい歩いたこととされています。団栗と竹ひごとキリさえあれば子供にも作れるのが，日本のやじろべえのいいところですが，世界を見渡せばさまざまなタイプのやじろべえがあります。

　東南アジアのやじろべえはトンボを象った精巧なもの（写真左）。左右の翅と胴体がおもりの役目を果たしてひらひらと繊細な動きをします。

　かたや，おもりが1つしかない一風変わったやじろべえはドイツのもの（写真右）。動きは左右方向だけで単調ですが，重心がうんと低く安定感にすぐれています。

　英語では balance toy とよばれるやじろべえは，世界中の子供たちの間で，動きの面白さと安定感との間のバランスを上手にとりながら，豊かなバリエーションを生み出してきたようです。　　　　■■■

第7話
梅一輪

道端の数学

田舎道を歩いていたら，道端に「姉屋正観世音」と書かれた立て看板があり，その奥に小さな御堂が建っていました。近くの畑にいた老人に聞いてみると，数学の問題を書いて奉納した古い額，算額があるというのです。お願いして中を見せてもらいました。

問題 7-1 図のように，同じ大きさの4個の小円と，それらの交点を通る大円があります。小円の半径を1として，灰色の部分の面積（総和）を求めてください。

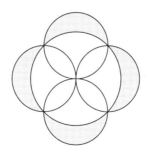

図形の問題ばかり7問並ぶうちの,第5問。家紋のような図が真っ先に目に飛び込んできました。

古い御堂で見つけた,素敵な四葉のクローバー。これぞ道端の数学です。

四葉のクローバー術

面積,それも円弧に囲まれた部分の面積となれば,円周率は避けられず,難しいと思ってしまいます。でも,「とにかくやってみる」の精神で臨めば,何とかなるもの。

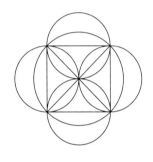

小円の配置からして,正方形を描きたくなるのは自然の成り行き。大小の円の交点のうち,中心以外の4点を結び,現れた正方形の対角線も引いてみます。

図を描いた紙を横にしたり縦に戻したりしていると,相似形が見えてきました。

円に直角二等辺三角形が内接している部分に注目してください。それぞれの直角二等辺三角形は,正方形の4等分と2等分ですから,対応する部分の面積比はすべて1:2です。

すると,左の弓形2個分と右の弓形1個分の面積が等しいことが分かります。

もう，おしまいです。問題図の灰色の部分の面積は，ずばり，正方形の面積と等しいことが判明したのです。

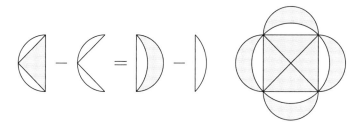

したがって，問題 7-1 の答えは「4」。円周率が影を潜めたままとは，予想だにしませんでした。思わぬ出会いに感謝しつつ，老人にお礼を述べて御堂を出ました。

梅一輪

風は冷たいものの，陽の光はさすがに春の色です。
外へ出て道へ戻ろうとすると，

　　　梅一輪いちりんほどの暖かさ　（服部嵐雪）

の句の通り，日当たりのよい場所の梅の木に，一輪だけ花が咲いていました。でも，なぜか花びらが 4 枚です。

これを図形としてよく観察すると，大きさの異なる 2 つの円が外接していて，その接点を共通の接点とする 2 つの等円（同じ大きさの円）が付け加えられています。また，等円の中心は，最初の 2 円の共通外接線上にあるように見えます。

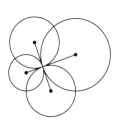

そこで，この御堂に奉納するつもりになって問題を作ってみました。

問題 7-2 点 T で外接する 2 つの円が，共通外接線にそれぞれ A, B で接しています。

2 つの円の半径を 4 と 9 とするとき，3 点 A, B, T を通る円の半径を求めてください。

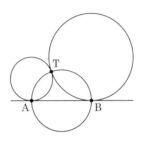

もし，和算家がこの一輪の花を見たとしたら？ と考えて作問しました。次の性質が基になっています。

基本術 1

問題 7-3 点 T で外接する 2 つの円が，共通外接線にそれぞれ A, B で接しています。

このとき，それぞれの円の直径 AC, BD の端点を通る二直線 AD と BC は，接点 T で交わることを示してください。

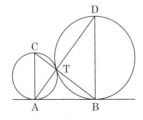

2つの円の接点 T は，中心を結ぶ線分 O_1O_2 上にあります。

右の図で，

$$\angle AO_1T + \angle BO_2T = 180°$$

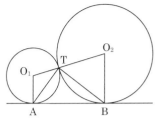

であり，$\triangle AO_1T$ と $\triangle BO_2T$ はともに二等辺三角形。

したがって，

$$\begin{aligned}\angle ATB &= 180° - (\angle ATO_1 + \angle BTO_2) \\ &= 180° - \left(\frac{180° - \angle AO_1T}{2}\right) - \left(\frac{180° - \angle BO_2T}{2}\right) \\ &= \frac{\angle AO_1T + \angle BO_2T}{2} = 90°\end{aligned}$$

問題図に戻って，直径に対する円周角の性質から，

$$\angle ATC = \angle BTD = 90°$$

したがって，3点 A, T, D (B, T, C) は直線をなし，2直線 AD, BC は点 T で交わります。

基本術 2

問題 7-3 の帰結として，問題 7-2 の円は線分 AB を直径とする円であることが分かりました。

したがって，線分 AB の長さを求めればよいのです。そのために，次の基本術が用意されています。

> **問題 7-4** 外接する2つの円 O_1, O_2 の半径を r_1, r_2 とします。
> このとき，図の共通接線の長さ AB は，

$$\mathrm{AB} = 2\sqrt{r_1 r_2}$$

と表せることを示してください。

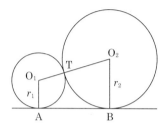

これは，問題図の補助線を用いれば，ピタゴラスの定理で一発解決です。すなわち，

$$\begin{aligned}\mathrm{AB}^2 &= \mathrm{O_1O_2}^2 - (\mathrm{BO_2} - \mathrm{AO_1})^2 \\ &= (r_1 + r_2)^2 - (r_2 - r_1)^2 = 4r_1 r_2\end{aligned}$$

から，$\mathrm{AB} = 2\sqrt{r_1 r_2}$ となります。

なお，この式を得るのに，問題 7-3 を用いても簡明です。

右の図で，

$$\triangle \mathrm{CAB} \backsim \triangle \mathrm{ABD}$$

ですから，

$$\mathrm{AB} : \mathrm{BD} = \mathrm{CA} : \mathrm{AB}$$

これより，

$$\begin{aligned}\mathrm{AB} &= \sqrt{\mathrm{CA} \cdot \mathrm{BD}} \\ &= \sqrt{2r_1 \cdot 2r_2} = 2\sqrt{r_1 r_2}\end{aligned}$$

ですね。

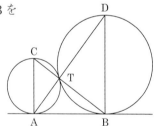

問題 7-2 の解

これで準備が整いました。

問題 7-2 において，3 点 A, B, T を通る円は，線分 AB を直径とする円であり，その長さは，

$$AB = 2\sqrt{4 \times 9} = 12$$

したがって，求める円の半径は 6 です。

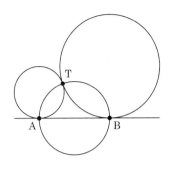

この円をもう 1 本の共通外接線側にも描けば，「梅一輪」の花が咲きます。

花びらの行方

ところで，5 枚の花びらの内，残りの 1 枚はどこへ行ったのでしょう．それは，台形 O_1ABO_2 が知っています。

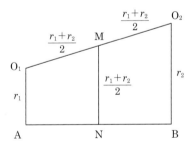

辺 O_1O_2 の中点 M から辺 AB に垂線 MN を下すと，N も辺 AB の中点であり，

$$MO_1 = MO_2 = MN = \frac{r_1 + r_2}{2}$$

（r_1, r_2 は，それぞれ円 O_1, O_2 の半径）

第 7 話 梅一輪　073

となりますから，

「3 点 O_1, O_2, N は，M を中心とする円周上にある」

4 枚の花びらの中心を通る円が見つかりました。

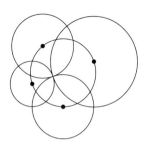

「均整のとれた花だなあ」と思っていたら，r_1, r_2 の平均

$$\frac{r_1 + r_2}{2} \quad \text{(相加平均)}$$

を半径とする円が出てきました。そう考えると，「梅一輪」の 2 つの等円の半径も，r_1, r_2 の別の平均

$$\sqrt{r_1 r_2} \quad \text{(相乗平均)}$$

になっています。

$r_1 = r_2$ のときは，4 枚の花びらとそれらの中心を通る円はすべて同じ大きさになります。

揃い踏み

今度は，下図の等脚台形 $ABB'A'$ に着目しました。

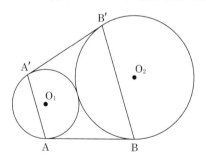

脚の長さは $2\sqrt{r_1 r_2}$ と分かっていますから，次の図の相似な直角三角形を用いて，

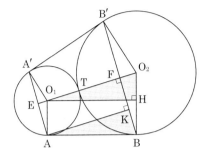

$$\frac{O_1 H}{O_1 O_2} = \frac{AK}{AB}, \qquad O_1 H = AB = 2\sqrt{r_1 r_2}$$

したがって，

$$\frac{AK}{2\sqrt{r_1 r_2}} = \frac{2\sqrt{r_1 r_2}}{r_2 + r_1} \quad \text{から} \quad AK = EF = \frac{4 r_1 r_2}{r_2 + r_1} \quad \cdots\cdots ①$$

また，次の直角三角形に着目して，

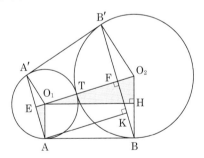

$$\frac{O_2 H}{O_1 O_2} = \frac{O_1 E}{AO_1} \quad \text{から} \quad O_1 E = \left(\frac{r_2 - r_1}{r_2 + r_1}\right) r_1$$

これより，

$$TE = TO_1 + O_1 E = r_1 + \left(\frac{r_2 - r_1}{r_2 + r_1}\right) r_1 = \frac{2 r_1 r_2}{r_2 + r_1} \quad \cdots\cdots ②$$

ゆえに，①と②から，

$$\mathrm{TE} = \mathrm{TF} = \frac{2r_1 r_2}{r_2 + r_1}$$

驚きました。今度は第3種の平均,「調和平均」が現れたのです。「もしや」と,勇んで次の図に突進しました。

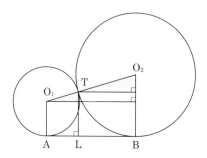

$$\frac{\mathrm{TL} - r_1}{r_1} = \frac{r_2 - \mathrm{TL}}{r_2} \quad \text{から} \quad \mathrm{TL} = \frac{2r_1 r_2}{r_2 + r_1}$$

「すごい！」

等脚台形 $\mathrm{ABB'A'}$ に内接円が存在したのです。しかも半径が「調和平均」とは,恐ろしいほどうまくできています。

もう1つ,別の円を描きましょう。

先の台形 $\mathrm{O_1 A B O_2}$ の図（73ページ）で,

$$\begin{aligned}\mathrm{MA} &= \mathrm{MB} \\ &= \sqrt{\left(\frac{r_1 + r_2}{2}\right)^2 + (\sqrt{r_1 r_2})^2}\end{aligned}$$

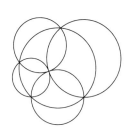

ですから,

「M を中心とする半径 MA の円」

を描いてみます。すると,御堂にあった算額問題 7-1 に似た図になりました。

最初に与える2つの円の半径 r_1, r_2 を等しく r とすれば，この円の半径は $\sqrt{2}r$。このときの図が「四葉のクローバー」だったといえます。

　ともあれ，ふと目に留まった「梅一輪」に5枚目の花びらが3種見つかったのです。

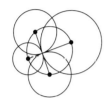 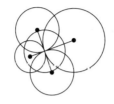 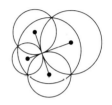

花びらと平均。それぞれの「三役の揃い踏み」です。

四葉のクローバー再び

　春の訪れを告げる「梅一輪」は，算額問題「四葉のクローバー」の奉納者の目にも留まったのでしょうか。それとも，四葉のクローバーそのものを見つけたのでしょうか。いずれにしても，いささか空想が過ぎたようです。

　算額問題 7-1 に戻ってみましょう。この図はごく単純に作られていて，デザインとしては面白みに欠けるかもしれません。そのために「梅一輪」の作り話を挿入したのです。

　こと「面積」に関していえば，次の図が四葉のクローバーからの自然な拡張。ヒポクラテスというギリシャ人の名が付けられた，「三日月」図です。

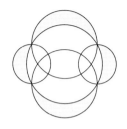 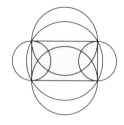

　左右の図で，灰色の部分の面積が等しくなっています。このことは，右の図の長方形に対角線を引いてみれば分かります。直角三角形の各辺を直径とする半円が揃っているからです。ヒントはピタゴラスの定理です。

　問題 7-1 の「四葉のクローバー」図は，右側の図の長方形が正方形である特別な場合に当たりますが，シンプルなるがゆえに簡明な数理が働きました。すでにお気付きのことと思いますが，次の 3 番目の図の灰色部分も，1, 2 番目の灰色部分と等しい面積を持つのです。

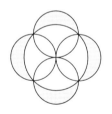 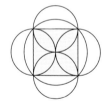 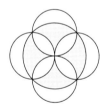

　簡明な数理をエレガントと呼ぶなら，単純に見える「四葉のクローバー」もまた，エレガントと呼ぶにふさわしい図と言えるでしょう。その図が和算書にも算額にも登場していることは，日本の庶民に愛された幾何の特徴をよく表していると感じます。

コラム ■■■ 六花

　現代では，ろっか，りっか，とも読みますが，古くは「むつのはな」と呼んでいました。英語だと snowflake（雪片）という表現しかないようですが，雪の結晶の形を表した詩的な言葉ですね。

　観察記録としては，1832 年に下総国古河藩主・土井利位が刊行した『雪華図説』が有名です。20 年間にわたる顕微鏡による観察 86 種の集大成です。

　また，江戸時代初期に確立したとされる俳句（俳諧）の季語としても，例えば女芭蕉と称される田上菊舎の 1780 年代の作

　　たゞ頼む宝の山や六つの華

などに見られます。つまり，顕微鏡がない時代から雪の結晶が六角形であることは知られていたのです。でもそれは不思議なことではありません。筆者も子供のころ，肉眼で六角形の結晶を確認した記憶があります。右の図は雪輪とよばれる伝統文様ですが，平安時代まで遡ることができるそうです。

　日本では古来から自然の幾何学を生活のなかに取り入れてきたのでしょう。　　　　　　　　　　　　　　　　　　　　　　■■■

第8話 菓子屋

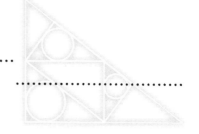

パンを切り分ける

　甘党のGさんが，馴染みの菓子屋へ出かけました。

　この店は，自家製の和洋菓子とコーヒーが自慢の，和洋折衷の喫茶店です。この店へ行くと，Gさんは決まって黒糖入りの玄米蒸しパンと深入りコーヒーを注文します。それから，カウンターの隅に陣取って，ご主人のYさんと長談義を交わします。

　ここの蒸しパンは特大で，一人では到底食べきれません。それをいつも2つに切り，Yさんと分け合って食べることにしています。

　蒸しパンの形は直角三角柱。つまり，直方体の型にパン生地を入れて蒸したものを，真上から対角線にナイフを当て，垂直に切り分けて作ります。

　この直角三角柱の蒸しパンをさらに等分して二人で分けるのですが，上面の直角三角形を等分する線で垂直に切ればよいので，以下，直角三角形面の分割だけを考えます。

　三角形の切り方には目的に応じていろいろありますが，ここでは1回だけ切って面積

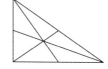

を等分するというもの。普段は分かりやすく，前図のように3本の中線（各頂点から対辺の中点に引いた線分）のどれか1本で切ります。これは，どんな三角形にも通用する二等分法です。

さて，この日のGさんは，ある作戦を練ってきました。というのは，日本の古い数学書をめくっていたら，自分たちにピッタリの問題が載っていたのです。

問題 8-1 直角三角形 ABC の斜辺 BC 上に，点 D を DB = AB となるように取ります。

次に，辺 AB 上に点 P を取り，線分 DP によって △ABC の面積を二等分します。

BC = 1 のとき，DP の長さを求めてください。

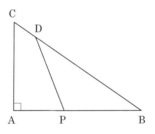

なんと，ここでは頂点を通らずに，四角形と三角形に切り分けていたのです。

こんなの簡単

Gさんは，暖簾をくぐるとすぐにカウンターの隅に陣取り，玄米蒸しパンとコーヒーを注文しました。

「今日は，えらく威勢がいいねえ」

Yさんが，厨房の方から声を掛けました。

「わかるかい。今日はYさんをギャフンと言わせようとやって

きたんだ」

　Yさんは，蒸しパンを等分しようとした手を休め，奥から出てきました。そして，Gさんが取り出した手帳を見ながら説明を聞いていましたが，まもなく顔を上げ，

　「なあんだ，こんなの簡単簡単」

と言いながら厨房に戻り，蒸しパンを運んできました。

種明かし

　Yさんが持ってきたのは，型に入ったままの蒸しパン。それはすでに切られていました。

　「なんだい。いつもと同じじゃないか」

　口をとがらすGさんに構わず，Yさんはそのうちの1個を取り出しました。

　それからもう1個をつまみ上げ，くるりと回してから型に戻しました。

　驚いたのはGさん。とがった口をぽかんと開けました。

補助線

　「すごい！　見ただけで分かるよ。言葉も式もいらないや」

　Gさんはようやく口を開き，実は本でいろいろ調べたこと，江戸時代の書に2種類の補助線が見つかったこと，それには直感的に表現されたものだけでなく，西洋の数学に匹敵するような明解な証明もあったとのこと。

　「補助線なしのは，初めてだよ」

と大喜び。Yさんの図解に感心しきりです。

　「えっ，どんな補助線？」

待ってましたとばかり，Gさんは手帳のページをめくり，空いたところに2つの図を描きました。

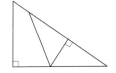 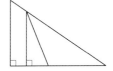

「なるほど，相似形を使うんだね」

Yさんの言う通り，左の補助線を用いて「厳密」な証明をした和算家がいました。Gさんの好きな「あんみつ」と違って，甘さはありません。

厳密

点Pから辺BCに下した垂線の足をHとする。

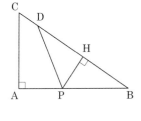

$$\triangle ABC = \frac{1}{2} \cdot AB \cdot AC$$

$$\triangle PBD = \frac{1}{2} \cdot BD \cdot PH$$

$$= \frac{1}{2} \cdot AB \cdot PH$$

ここで，$\triangle ABC = 2 \cdot \triangle PBD$ であるから，

$$PH = \frac{1}{2} \cdot AC$$

また，$\triangle HBP \backsim \triangle ABC$ であるから，

$$BP = \frac{1}{2} \cdot BC, \quad HB = \frac{1}{2} \cdot AB = \frac{1}{2} \cdot BD$$

よって，△PBDは二等辺三角形であり，点Pを

$$PD = PB = \frac{1}{2} \cdot BC$$

となるようにとればよい。∎

「すっきりしているよね。同じ補助線を引いても，簡単に説明して『明らか』ってのもある。あんみつ？」

問題文が示す通り，切断線の長さが関心事であることは共通しているようです。

Y さんの解

「もう 1 つの補助線はどうなの？」

「それが，まだ解読していないんだ」

「じゃ，私がやってみるよ」

と，Y さんがメモ用紙に図を描き始めました。

「見たままに，辺 PB を底辺として △PBD の面積を考える。

右図において，

$b : h = a : c$　より　$bc = ah$

また，題意より

$bc = 2hx$

したがって，

$2hx = ah$

から，$x = \dfrac{a}{2}$ を得る。 ∎

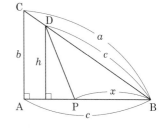

こんなので，どうだろう」

Y さんが「洋算風」として示した解です。自然な補助線を引くことで，簡明な解になっています。問題 8-1 の要求する DP の長さはさておき，点 P の位置を素早く求めています。

「へえ,さすが手際がいいねえ。じゃあ早速,この補助線を使った書物の解読に挑戦してみるよ」

残ったコーヒーを一気に飲み干して,Gさんはそそくさと店を出ました。

「おーい,お金払ってくれよー」

Gさんの分析

帰宅したGさんは,机に向かって考えました。

この問題,「直角三角形でよかったぁ」のでしょうか。一般の三角形ではどうなるのでしょうね。一刀両断の見事な太刀さばきが期待されるところです。

問題8-1の∠Aを,直角でなく鈍角に設定してみましょう。このとき,「辺BC上に,DB = ABとなる点Dをとる」ことの意味は何でしょうか。

Yさんの蒸しパン技は,この場合でも通用します。ただし,いったん取り出した蒸しパンを,今度はひっくり返して入れることになります。

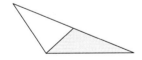 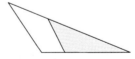

これで分かりました。直角三角形の場合,取り出した蒸しパンの上面は「二等辺三角形」だったからです。回転してもひっくり返しても同じだったのです。

ORIGAMI

点 D を作図するには,図のようにコンパスを用いて「点 A を辺 BC 上に移動」します。

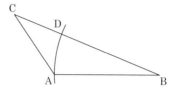

では,コンパスも定規も,それに代わる道具もないとき,あなたはどうしますか?

そうです。折り紙 (ORIGAMI) を使えばよいのです。鈍角三角形を描いた紙を,∠B の二等分線を折り目にして折ればおしまい。点 A は難なく辺 BC 上に移動しました。

この作業を実行すれば,三角形そのものを紙で作りたくなるはず。それも 2 組。それらを……。

もうお分かりですね。紙を折る代わりに,1 つの三角形にもう 1 つの三角形をひっくり返して重ねるのです。

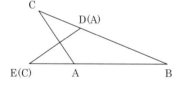 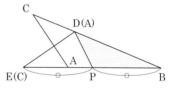

そうしておいて,線分 EB の中点 P を取り,線分 DP にハサミを入れれば終了。△ABC と △DBE の面積が同時に二等分されました。

なお,辺 AB 上の点 P の取り方は $DP = \dfrac{BC}{2}$ ではなく,$BP = \dfrac{BC}{2}$ であることに注意が必要です。

振り返って，∠A が直角の場合に折り紙技を使ってみましょう。算額問題の中に，

「辺 AB 上の点 P を，$DP = \dfrac{BC}{2}$ となるようにとる」

という設定で，△PBD の面積を問う類題がありますが，次の図を見ればその理由がよく分かりますね。

本来，「$BP = \dfrac{BC}{2}$」とすべきところですが，この場合は「BP = DP」となるからです。

（3 点 B,D,E は，点 P を中心とする同じ円周上にある）

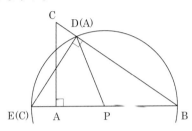

忘れ物

「忘れてた！」

G さんが息せき切って入ってきました。

「あはは，無銭飲食で通報するところだったよ」

「えっ，何のこと？ 問題だよ，問題。もう 1 つあったのを忘れて帰ってしまったのさ」

G さんの話は，冗談ではありませんでした。

問題 8-2 与えられた直角三角形内に，長方形と 3 個の円を図のように入れ，天，地，人円の半径をそれぞれ a, b, c とします。

長方形を，その面積が最大となるようにとるとき，

$$a^2 + b^2 = c^2$$

という等式が成り立つことを示してください。

第 8 話 菓子屋

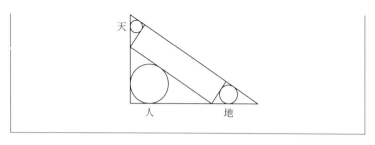

（長方形の 4 頂点のうち，2 点は直角三角形の斜辺上にとり，他の 2 点は，直角を挟む 2 辺上に 1 個ずつとる）

「高校生なら，きっと xyz だよね」

「何だい，それは」

「長方形を決定する線分の長さを文字で置いて，面積をその文字で表すのさ．自分も初めはそうしたけど」

Gさんは手帳を取出して，その解答をメモしたページを開きました．

$\mathrm{AP} = x$ とおいて，直角三角形の相似を用いると，
$$\mathrm{PS} = \frac{\mathrm{BC}}{\mathrm{AB}} \cdot x, \qquad \mathrm{PQ} = \frac{\mathrm{CA}}{\mathrm{BC}} \cdot (\mathrm{AB} - x)$$

これより，長方形の面積は
$$\mathrm{PS} \cdot \mathrm{PQ} = \frac{\mathrm{BC}}{\mathrm{AB}} \cdot x \cdot \frac{\mathrm{CA}}{\mathrm{BC}} (\mathrm{AB} - x) = \frac{\mathrm{CA}}{\mathrm{AB}} \cdot x(\mathrm{AB} - x)$$

この式の $x(\mathrm{AB} - x)$ の部分を変形すると，
$$x(\mathrm{AB} - x) = -\left(x - \frac{\mathrm{AB}}{2}\right)^2 + \left(\frac{\mathrm{AB}}{2}\right)^2 \leqq \left(\frac{\mathrm{AB}}{2}\right)^2$$

したがって，長方形の面積が最大になるのは，
$$x = \mathrm{AP} = \frac{\mathrm{AB}}{2}$$

のときである．

このとき，灰色の直角三角形の斜辺を比較すると，その長さの比（相似比）は，
$$\mathrm{CS} : \mathrm{PB} : \mathrm{SP} = \frac{1}{2}\mathrm{CA} : \frac{1}{2}\mathrm{AB} : \frac{1}{2}\mathrm{BC} = \mathrm{CA} : \mathrm{AB} : \mathrm{BC}$$
となり，それぞれの内接円についても，その半径の比は
$$a : b : c = \mathrm{CS} : \mathrm{PB} : \mathrm{SP} = \mathrm{CA} : \mathrm{AB} : \mathrm{BC}$$
となって，全体の直角三角形の3辺の比に等しいから，ピタゴラスの定理により，
$$a^2 + b^2 = c^2$$
が成り立つ。

ORIGAMI 2

「ところが，だよ。この問題は結局」

Gさんは，ポケットから直角三角形に切った紙を取り出しました。

「ほら，折り紙技だったんだ」

そう言って，Gさんは紙をゆっくり折り畳み，そして開いてみせました。そこには，面積最大の長方形が折り目で示されていました。

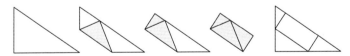

その様子をじっと見ていたYさん。式計算での解答を確かめてから，大きくうなずきました。

「長方形の最大面積は，△ABCの面積の半分」

であることが，式の値の評価

$$\frac{\mathrm{CA}}{\mathrm{AB}} \cdot x(\mathrm{AB} - x) \leqq \frac{\mathrm{CA}}{\mathrm{AB}} \cdot \left(\frac{\mathrm{AB}}{2}\right)^2 = \frac{1}{2}\left(\frac{1}{2} \cdot \mathrm{AB} \cdot \mathrm{CA}\right)$$

ではなく,折り紙で示されたのです。

ところが,Yさんが大きくうなずいたわけは,これだけではありませんでした。

「いいかい。よーく見ていてくれよ」

Yさんは自分でもメモ用紙を対角線で切って,直角三角形を2つ作りました。そして,それぞれを次のように折ってみせたのです。

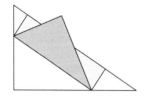 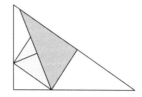

これには,びっくり仰天。Gさんの見せた折り方が面積最大の長方形を与えることを,折り紙だけで証明してしまったのです。またしても,Yさんの「見れば分かる」職人技でした。

遊び心

「それにしても,日本の幾何は遊び心に溢れているね」

「同感だ。直角三角形に内接する長方形で単純なのは,この図だよね。これも,折り紙で一発解決」

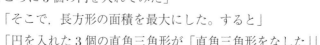

「その長方形をわざわざ斜めに入れた」

「全体をお菓子箱に見立てて,空いたところに3個の円を入れてみた」

「そこで,長方形の面積を最大にした。すると」

「円を入れた3個の直角三角形が「直角三角形をなした」」

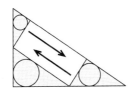 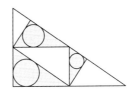

「それを設問に反映させた」

長方形は今や「隙間」。丸いクッキーを載せた直角三角柱の蒸しパン3個を,お菓子箱の中で動かしているように見えます。問題を作った「職人」の遊び心,見事な味付けでした。

「あ,お客さんだよ。じゃ,今日はここまで。いやあ,楽しかったなぁ」

「こっちもさ。Gさん,また面白い問題を見つけてきてくれよ」

Yさんはそう言って,Gさんを送り出しました。Yさんも代金の請求を忘れてしまったようです。

和算家の胸の内

問題8-1を振り返ってみましょう。

個々の解法はさておき,この問題が一般の三角形にも適用可能なことに,和算家は気付かなかったのでしょうか。

補助線を用いたYさんの証明は,∠Aが例えば鈍角の場合にも適用できます。しかし,和算家のものとして紹介した補助垂線はこの場合適切ではありません。

推察するに,和算家は

「∠Aが直角のとき,$PB = \dfrac{BC}{2}$ となるように点Pを取って折り返せば,$\triangle PBD = 2\triangle PBH = \dfrac{\triangle ABC}{2}$」

であることを容易に見抜いたに違いありません。次のような「折り紙技」を使ったのですね。

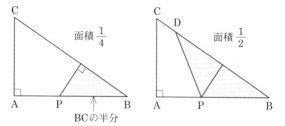

　一般の場合を知った上で，一般より個別の，限られた図形に見られる特殊・簡明な現象に美を見出したのでしょう。ここに，庶民に親しまれた和算・算額の一側面を見ることができます。

　当時の菓子職人，たとえば長崎カステラの職人がこの問題を知ったら，きっとYさんのような技を披露してくれたことでしょうね。

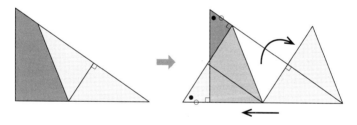

コラム ■■■ 紋切形

　現代では型どおりでつまらないという意味で使われる「紋切型」の語源は，江戸時代後期に庶民の間で広く流行した楽しい「紋切あそび」の型紙だそうです。

　家紋や幾何学文様，また風流な切り絵などを，数回重ねて折った紙に鋏を入れて切り出すものです。美しい図入りで出版された解説書（1848年，楓川市隠著）の題名が「諸職必要紋切形」であったことが示すように，さまざまな分野の職人に必要なデザインの技法が遊びの世界にも広まっていったのです。

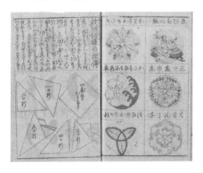

　この紋切り遊びのルーツは，少し難しい「一刀斬り」（環中仙『和国智恵較』1727年）と見ることもできそうです。たとえば，右のような形に鋏一回で切り取るにはどのように紙を折ればよいかという問題です。面白いことに，このような問題をまったく知らないカナダの学生エリック・ドメイン（現 MIT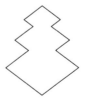
教授）が，どんなに複雑な多角形でも一刀斬りできるという定理を発見し，日本の折り紙文化を世界中に広めてくれているそうです。（秋山仁・松永清子著『数学に恋したくなる話』，PHP 刊）　■■■

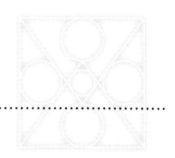

第 9 話

手紙

手作りの封筒

　バイクの音がしたので外へ出てみると，郵便受けに変わった封書が入っていました。

「暑中お見舞い申し上げます。体温を超える炎暑の中，いかがお過ごしですか。

　さて，猛暑の夏を乗り切るには，図形問題に挑戦するのが一番。封筒の裏（問題図）をご覧ください」

問題 9-1　正方形の内に，半径の等しい大円 4 個と小円 1 個が図のように描かれています。

　大円の半径を 5 として，小円の半径を求めてください。

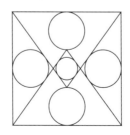

Gさん宛ての手紙ですが、差出人の名がありません。幾人かの友人の顔が浮かびましたが、本文は手書きではないので、見当が付きません。おまけに、問題図は手作りの封筒という凝りようです。

メール

　部屋へ戻ってパソコンに向かうと、新着メールのサインが出ていました。Gさんの家から千キロも遠方の地に住む、Yさんからのメールです。

「素晴らしい問題があるのを見逃していました」

　早速、添付ファイルを開くと、そこには今届いた手紙の封筒によく似た図が描かれていました。このタイミングの良さは偶然とは思えません。手紙もYさんからでしょう。

問題 9-2 図の下方にある2つの円は半径が等しく、正方形の辺の長さの1/4です。これらの円に正方形の頂点から接線を引き、正方形の上辺とで二等辺三角形▽を作ります。

　このとき、▽の内接円の半径は、下方の2つの円の半径に等しいことを示してください。

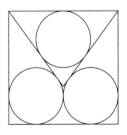

　しかも、「本にある証明（三角関数を使う）とは違う」と断った上で、簡単な説明を添付して。

三角定規

「AB = 4 とすると，下の円の半径は 1。上の円の中心 P は線分 EF 上にある。

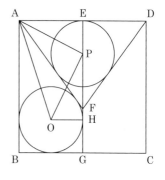

図の AF が，2 円の共通接線として直角を分けていて，AO と AP はそれぞれの角の二等分線であるから，

$$\angle OAP = 45° \quad \cdots\cdots(*)$$

ここで，EP = 1 と仮定すると，△APE ≡ △POH であり，

$$AP = PO = \sqrt{5}, \quad AO = \sqrt{10}$$

となって，△APO は三角定規の 1 つ，直角二等辺三角形。

したがって，(*) を満たす。

点 P がこの位置以外の場合は，(AO は不動であるため) (*) が成立せず」

G さんは，合同（相似）・三平方の定理を用いた，和算家のような解がたいそう気に入って，その旨を Y さんに返信しました。

重ねる 開く

「それにしても，よく似ているなあ」

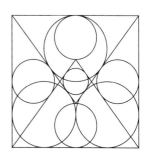

G さんは，問題 9-1 と 9-2 の 2 つの封筒図を，同じ大きさにして重ねてみました。

すると，斜めの線分がピタリと一致して，面白い模様ができました。

何よりも線が重なったのが驚きです。

そこで，今度は9-1の封筒を線に沿って切り開いてみました。というのは言葉の綾で，実際には次の図を作ったのです。

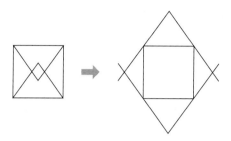

右から左へ戻すように見ると，これは正方形の手紙を菱形で包んだ形，ラッピングですね。

では，この菱形の対角線の長さの比は？

台形が見えた

問題9-2の図に，台形ABGFがありました。その台形に円が内接している構図。これはチャンスです。

問題9-3 隣り合う2つの内角が直角の台形があり，それに円が内接しています。

このとき，円の半径 r を台形の上底 a と下底 b を用いて表してください。

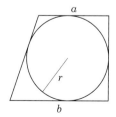

第9話 手紙　097

ABGF は台のように見えないので，台らしく置いてみました。等脚台形を対称軸で切った形です。この問題が解ければ，菱形の形が分かります。なぜなら，台形 ABGF では円の半径と台形の下底が与えられているからです。

三平方の定理

真打登場です。古代ギリシャ人のピタゴラスの名を持つ定理ですが，古代バビロニアでは今から 4000 年も前に知られていたという研究もあります。その根拠となる資料に台形が現れますので，問題 9-3 にもこの定理を使ってみましょう。

円の中心と台形との接点を結び，分割された各線分の長さを右図のように与えます。

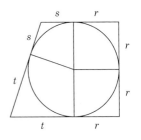

このとき，台形の左脚の長さは，
$$s + t = (s + r) + (t + r) - 2r$$
$$= a + b - 2r$$

さあ，ここで直角三角形を作り，定理を用いましょう。

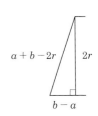

$$(b - a)^2 + (2r)^2 = (a + b - 2r)^2$$

展開整理すると，

$$(a + b)r = ab$$

したがって，

$$r = \frac{ab}{a + b} \qquad \cdots\cdots ①$$

となります。きれいな式ですね。

和算家の眼

4000年の智恵を使ったところで，次に和算家はどうとらえたかを見てみましょう。

右の図で，濃淡のグレーに塗った2つの直角三角形に着目しました。これらは「相似」ですから，対応する辺の比は等しいのです。

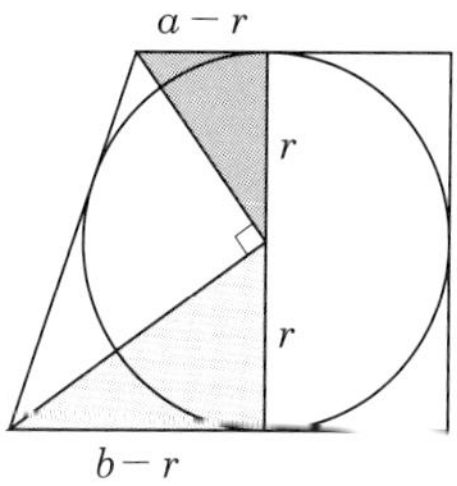

$$(a-r):r = r:(b-r)$$

これを解けば，先ほどの①式

$$r = \frac{ab}{a+b}$$

が得られます。相似を見抜く眼力もさることながら，この式をさらに，

$$\frac{1}{r} = \frac{a+b}{ab} = \frac{1}{a} + \frac{1}{b} \qquad \cdots\cdots ②$$

と変形するところにも，美しい形へのこだわりを感じます。半径の逆数を曲率と呼びますが，上の式は，

(内接円の曲率) = (上底の逆数) + (下底の逆数)

だと言っています。

また，①，②式は，「直径 $2r$ は，a と b の（ある種の）平均」であることをも主張しています（第7話，76ページ参照）。

菱形の対角線の比

問題9-3が解決したところで，問題9-2に戻ります。

前の図の台形 ABGF は，

$$b = 4, \qquad r = 1$$

ですから，これを②式に代入すると，

$$\frac{1}{a} = \frac{1}{1} - \frac{1}{4} = \frac{3}{4}$$

したがって，

$$a = \frac{4}{3}$$

と求まり，右の図（再掲）で

$$AE = 2, \qquad EG = 4$$

であり，

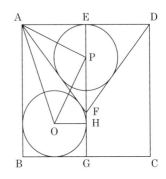

$$FG = \frac{4}{3}$$

$$EF = EG - FG = \frac{8}{3}$$

よって，菱形の対角線の長さの比はAE:EFに等しく，

$$2 : \frac{8}{3} = 6 : 8 = 3 : 4$$

何を隠そう，△AFEは

$$AE : EF : AF = 3 : 4 : 5$$

の直角三角形だったのですね。

みよこさん

問題9-2の図は，ずばり右の図が基になっていました。

正方形の辺の長さを4とすると，この図は，3×4の長方形。それを対角線で切ると，$(3, 4, 5)$の直角三角形になります。

「345△」:=「みよこさん」

だったのです。

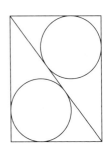

みよこさんの内接円の半径は，

$(3 + 4 - 5) \div 2 = 1$

として計算されますから，つじつまが合いますね。

なぜなら，右図（$\angle A = 90°$）において，

$AB + AC - BC$
$= (r + x) + (r + y) - (x + y) = 2r$

したがって，ラッピングの菱形の対角線の比は，$3:4$ でした。赤い鼻緒の〜♪みーちゃんが「みよこさん」だとすれば，問題 9-1 と 9-2 に春が来たようです。冬籠りの 2 つの封筒から，みーちゃんがおんもへ出てきました。

お花見

問題 9-1 の図に戻りましょう。「重ねる」で気付いたのは，この図にも「みよこさんがいた！」ということです。となれば，事は簡単。ただしこの問題では，正方形の辺の長さは 30 であることに注意しましょう。

すると，半径 5（直径 10）の 4 個の円が 9 個になって現れます。花見団子の折詰が完成しました。

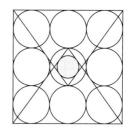

これを見ると，真ん中に貼ったラッピング用シールの半径も分かります。2 種の半径を含む補助線を入れると，みよこさんが現れますから，問題 9-1 の答（シールの半径）は 3。

Y さんのいたずら，手の込んだなぞかけに誘われて，ここまで大いに楽しめました。めでたし，めでたし。

嬉しくなって，長々と書いたメールを送ったところ，すぐに返事がきました。
「桜前線北上中！　これでお花見を」
　すでに用意していたと見えて，お花見用の花ござまで作って送ってくれました。きっかけは暑中見舞いの封筒問題でしたが，暑さを忘れて夢中になったせいか，二人の周りには春が来たようです。

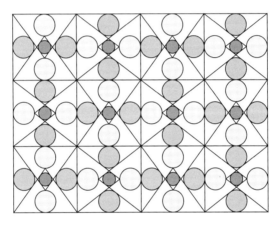

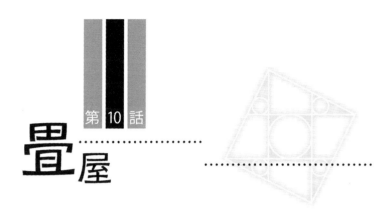

第10話 畳屋

畳替え

　秋も深まってきました。大掃除や障子の張り替えを今のうちからやっておかないと，あっという間に年の瀬になります。だいぶ痛んできた畳も，そろそろ替え時です。

　「こんちはー」

　Gさんは早速，畳屋のYさんを訪ねました。何のことはない，家人にせがまれた畳替えにかこつけての図形談義が目的です。

二畳半？

　この日Gさんが用意したのは，正方形を分割する問題。自分なりに解いてはいるものの，まだまだ先がありそう。職業柄，図形に関心の高いYさんが頼りです。

　「なんだい，今日は」

　新しい畳を納めて戻ったばかりのYさんが，狭いながらも居心地の良い茶の間にGさんを通しました。「なんだい，今日は」とは，「今日の問題は何」という意味に決まっています。Gさん

103

は嬉しそうに手帳を取り出し，第1問の図を見せました。

図を一目見たYさんは，開口一番

「なんだ，二畳半じゃないか」

茶の間を見よ

「えっ？　ちょっと待ってよ」

図を見ただけで反応したYさんに，問題を説明しました。

問題 10-1　辺の長さが9の正方形があります。これを図のように5つの部分に分け，面積を5等分します。

このとき，直角三角形の直角を挟む2辺の長さを求めてください。

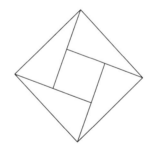

Yさんはお茶をすすりながら聞いていましたが，返答は同じ。

「だから，二畳半だって。ほら」

そう言って，手のひらで畳をパンパンと叩きました。

「座卓の下だけ半畳の畳で，その周りに一畳の畳が4枚」

日本の茶の間の標準的な「四畳半」の間取りです。

「畳の敷き方には，祝儀敷きと不祝儀敷きの2種類あって，普段は無論，祝儀敷き。畳の合わせ目が十文字にならないように敷くのさ」

四畳半の正方形の部屋の場合，畳の敷き方は次の2通りあるといいます。どの合わせ目も，十字でなく丁字になっています。「切れる」のを嫌ったのでしょうか。

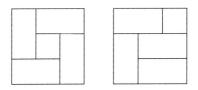

　Yさん宅は左側。中央の半畳の畳の上に座卓が置いてあります。この下は床板がなく，冬場は畳を剥がして「掘りごたつ」にします。

「そうか。斜めに切るのか」

三角の畳

　Gさんは，立ちあがって部屋を見回していましたが，Yさんの言葉をようやく理解したようです。手帳にある問題図に，直角三角形を4つ加えました。こんな形の畳はありませんが，広さでは半畳分です。

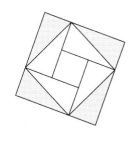

　したがって，問題図は

　　「四畳半」－「半畳」×4枚
　　　＝ 4.5 － 0.5 × 4 ＝ 2.5
　　　＝「二畳半」

であり，2種類の半畳の畳が5枚（正方形1枚，直角三角形4枚）敷かれていたということです。

「へえ，見事なもんだねえ」

第10話　畳屋

これだけで問題は解けたようなもの。辺の長さはピタゴラス（の定理）に頼めば解決です。
　直角三角形の斜辺の長さ9に合わせて，
$$1:2:\sqrt{5} = \frac{9}{\sqrt{5}} : \frac{18}{\sqrt{5}} : 9$$
として，答えが出ます。

囲炉裏

　「それにしても，一目で見破ったのはさすがだね」
　Gさんのおだてに乗って，Yさんが身を乗り出しました。
　「はははは，実は昔考えたことがあるんだよ。変な畳屋だって思われるかも知れないけどね」
　それは，正方形の部屋の真ん中に炉を切る問題です。
　「お客さんにもいろいろな人がいてね」
　定年退職したので，自宅の居間をリフォームしたい。ついては，あこがれの囲炉裏を中央に作る。ありきたりではつまらないから，1つ変わった作りにしてくれないか。そういう依頼だったそうです。
　「それでね。折り紙を使って考えたのさ」
　そこで設計したのが，問題10-1の図。ただし，外側の正方形が四畳半の座敷全体です。

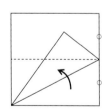

　「頂点と辺の中点を通る線を折り目にすればいい」
　これを4回繰り返すのですが，
　「このとき，頂点はうまい位置に来る。いいかい」
　Yさんは折った紙を開いて，展開図で示しました。

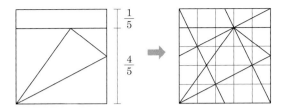

「なるほど,うまくできてるなあ」

この事実は,一般的に成り立つのだそうです。Yさんは依頼主と囲炉裏の大きさを相談する中で,そのことに気付きました。

大きさを変える

「折り紙技で解決さ」

下図において,灰色の図形の面積は,それぞれ

① : $\left(1 - \dfrac{1}{x}\right) \div 2$

② : ① $\div 2$

③ : $1 - ② \times 4$

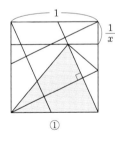 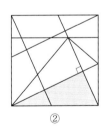 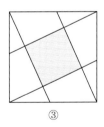

　　①　　　　　　　②　　　　　　　③

これより,③の炉の面積は,全体を1として

$$1 - \left\{\left(1 - \dfrac{1}{x}\right) \div 2 \div 2 \times 4\right\} = \dfrac{1}{x}$$

「へえ,明快だね。x はなんでもいいわけだ」

座布団

「首を傾けてたから,肩が凝った。真っ直ぐにしよう」
と言って,Yさんは新しい図を描きました。

「ちょいと回して,と。もっと切っちゃうよ。ほら,きれいだろ？」

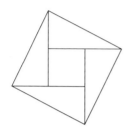
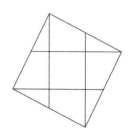

中央の正方形の傾きを直し,三角の半畳まで切って,8分の3畳と8分の1畳が出現。少しの回転と線の延長だけで,だいぶ違って見えます。二畳半の部屋というより,どちらも座布団カバーの柄に良さそうな美しい図です。

「座布団といえば,古典折り紙に『座布団』があったね」

Yさんは,いつも用意してある正方形の折り紙用紙を持ってきて,手早く折りました。

「これを2個組み合わせれば出来上り」

でもYさんは2個目を折らずに,今折った紙を開きました。

「やっぱり！」

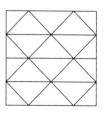

Yさんは、この展開図を確かめたかったようです。

和洋折衷

「あっ！ そうだったのか」

Gさんが何か思い出したようです。

「これ、西洋のパズルだよ」

もう畳の話ではなくなりました。面積を変えずに形を変える、等積変形の例です。

「正方形を十字の形に、十字を正方形に変えるっていうやつ。いいかい」

GさんはYさんの図を借りて、西洋の裁ち合わせを披露しました。

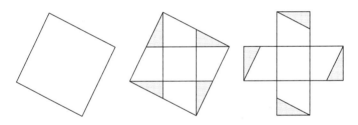

正方形が十字に早変わり。日本なら、案山子とでも呼ぶところでしょうか。

「座布団の展開図だったら」

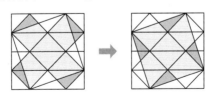

「ほらね」

Yさんも負けていません。

第10話 畳屋

格子窓

「結局これは,傾いた正方格子の窓から細かい正方格子をのぞいた図だよね。それに十字模様を塗りつぶして入れてみると……」

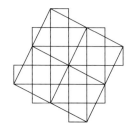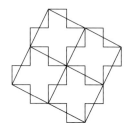

「あっ!」

Gさんが,また何か思い出したようです。

「そういえば,パズルの答えはもう1つあったよ。こうすりゃいいんだ」

Yさんの提案に従って,大きい正方形の窓枠を動かしてみました。

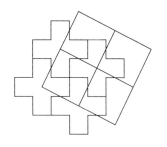

「なるほどねえ。どこに被せるかで,いくらでも裁ち合わせパターンができるってわけだ」

その中のきれいな分割2種が,後世に伝えられているということでしょうか。

丸い炉

「二畳半の部屋の畳に，丸い炉を切ったら？」

Gさんが提案すると，

「そんなの無茶だよ。でも，待てよ」

と，Yさんもまんざらではなさそう。

問題 10-2 問題 10-1 の図内に，大円 1 個と小円 4 個を入れました。大円と小円の半径の比を求めてください。

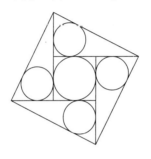

下図において，大円の直径は 1。

また，小円の直径は $1 + 2 - \sqrt{5} = 3 - \sqrt{5}$ であるから，その比は，$1 : (3 - \sqrt{5})$。

「ほうら，見慣れた数が出た」

$$1 : (3 - \sqrt{5}) = 1 : \frac{2}{\tau^2} = \tau^2 : 2$$

半径の比も同じです。

新作『異形同術』

「Gさん，そりゃあ強引だよ。$\sqrt{5}$ があれば，必ず黄金数 τ で表せるのは分かるけど」

「はははは，でも山上光道っていう和算家は
$$1 : \frac{3-\sqrt{5}}{2}$$
になるような図形の問題を32問も集めたんだ。感心して何度も見たから，値を覚えちゃってさ（付録参照）」

「それはそうだけど，……」

「あっ！」

「なに？」

「33番目の図，発見！」

それは，仕切り線を延長して，直角三角形を2分の1に縮小したところに小円を入れた図でした。

問題 10-3 外側の正方形の各頂点とその対辺の中点を結んだ線分で仕切りを入れ，図のように大円1個と小円4個を入れました。大円と小円の半径の比を求めてください。

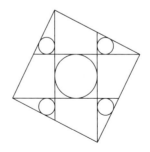

「この図なら,大小の円の半径の比は,
$$1 : \frac{3-\sqrt{5}}{2}$$
になってくれる」

素敵な飾り棚。Gさんが,快挙を成し遂げました。

等円5個

「続けていいかい?」

「ああいいとも。お茶を入れ替えてくる」

Yさんが席をはずしている間に,Gさんは紙に問題を書きました。

問題 10-4 辺の長さが2の正方形があります。これを図のように5つの部分に分け,4個の合同な直角三角形と1個の正方形を作って内接円を入れます。

これらの円が同じ大きさのとき,円の半径を求めてください。

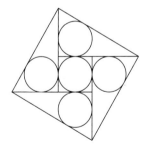

「ほほう,今度は円の大きさを揃えてきたね」

Yさんが,緑茶とお茶請けを運んできました。

「今,隣りから最中を買ってきたよ。今日の話題は正方形だか

らね」

　小豆がたっぷり入った最中を片手に，Y さんが問題を解きました。

　直角三角形の直角を挟む 2 辺の長さを a, b $(a < b)$ とすると，斜辺が 2 であることから，

　　$a^2 + b^2 = 2^2$

また，5 個の等円の半径を r とすると，

　　$2r = b - a$
　　$2r = a + b - 2$
　　$a = 1, \quad b = \sqrt{3}, \quad r = \dfrac{\sqrt{3} - 1}{2}$

「おやおや，三角定規のお出ましだ」

　解き終わった Y さんが，お茶を一口飲んでからそう言いました。数値よりも端的な答えです。

「ますます面白くなってきたね，Y さん」

「ああ。やめられないよ，これは」

　しかし，もうすぐ 12 時。

「午後一番に，ふすまを預かりに行かなくちゃならないから，続きは晩にしないか。ちょいと一杯やりながら」

「おっ，いいねえ。秋の夜長を鳴き通す〜♪，か」

　歌を歌いながら，G さんが腰を上げました。

「ああ面白い正方形♪」

　面白いのは日本の幾何なのか，それとも日本酒なのかは不明ですが，二人が酌み交わすはずのマス酒には，きっと正方形や直角三角形の落ち葉が舞い散ることでしょう。

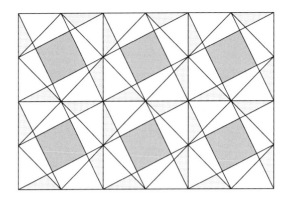

コラム ■■■ 北斎模様

江戸の天才浮世絵師として名高い葛飾北斎は，日本の伝統文様の世界に稀代の足跡を残したデザイナーでもありました。1824年に柳亭種彦が編んだ北斎のデザイン画集『新形小紋帳』の冒頭には，「先生の筆頭より出でて古今に見も聞かざる紋をなす」とあります。

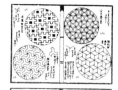

その特徴を今日の幾何学は，全文様群17タイプの対称性のうち14タイプが含まれており，残りの3タイプも『北斎漫画』等に網羅されていると分析しているほどです（現京都府立大学・利根安見子ほか）。

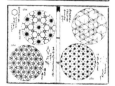

これまでこのような賛辞が呈されてきたのは，スペインのアルハンブラ宮殿内のタイル貼りや敷石についてだけでしたから，北斎の偉業のほどがお分かりいただけるでしょう。

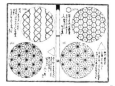

■■■

第11話 手芸

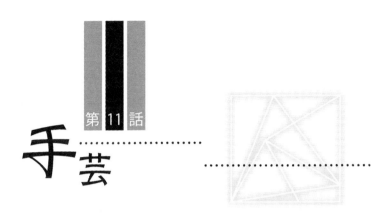

刺し子

「こんばんは」

がらがらっと玄関の戸を開けて入ってきたのは，Gさん夫婦。今宵はYさん宅で秋の夜長を楽しみます。旦那二人はもちろん図形談義，奥方同士は手芸三昧です。四畳半に置いた「ちゃぶ台」に向かい，それぞれの趣味に興じます。

「どうだい，この図は」

Gさんが，用意してきた図を広げると，

「あら，刺し子の模様にいいわねえ」

とは，Y夫人。今夜は「刺し子」に即決です。

> **問題 11-1** 正方形の各辺を1辺とする正三角形を4個，正方形の内側に描き，図のように大円1個と小円4個を入れます。
>
> このとき，大円と小円の半径の比を求めてください。

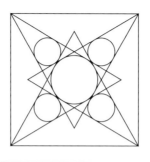

　一方,Yさんは G さんの説明を聞き,

「さっきの図をもとにしたんだね。真中の円は同じだ」

と応じて,昼前に G さんが出した最後の問題図を確認。早速,解いてしまいました。

　大円と小円は,相似な直角三角形の内接円である。したがって,半径の比は直角三角形の相似比に等しい。

　対応する辺(直角を挟む 2 辺のうちの長い方)を比較して,求める比は $\sqrt{3}:1$ であると分かる。

「気持ちがいいねえ」

　計算らしい計算をしないところが気に入ったようです。でも,刺し子の方はまだまだかかりそう。

パッチワーク

　Y さんが,隣りの部屋からノートを取ってきました。

「G さんの図を見て思い出したよ。△と□だもんな」

　あまり相性が良くないことを言っています。正方形に正三角形を入れようとしても,収まりが悪いのです。問題の図は,正方形と正三角形の辺の長さは同じで,辺を共有させることで対称性を

高めています。

　さて，Yさんが示したのは，実は設定が違います。初めに正三角形があって，それを「長方形」で囲むのです。
　Yさんがノートを開くと，黙々と刺し子を続けていたG夫人がのぞき込みました。
「あら，きれい。パッチワークみたい」

「まず，きっかけから話すよ。
　正三角形4枚が頂点でつながってリングとなっているとき，次の図の左右の状態では，中央の菱形の面積と外側の三角形2つの面積とが等しいことは一目瞭然である。
　では，三角形を動かして真ん中の図の状態にしたときも，菱形の面積と外側の三角形4つの面積は等しいだろうか？

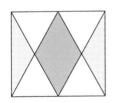 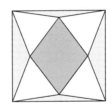 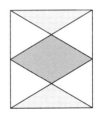

と，こう考えたんだ。両端の図は同じといえば同じだけど，正三角形のリングを左端から右端の形まで連続的に動かすと思ってくれ」
　連続変化のどの段階でも，上記の面積の関係が保たれるか，という問題のようです。
　三角形の動かし方は，立体折り紙の「パクパク」を連想させる面白い図形。たしかに，古い着物の端切れを使ったパッチワーク

の柄にすると,素敵かもしれません.

ブロック

Yさんは,この問いが次の問題に帰着することに気付きました.パッチワークの単位となる図です.

問題 11-2 正三角形 OAB があり,これを長方形 OPQR で図のように囲みます.このとき,面積の間に

$$\triangle OAP + \triangle OBR = \triangle ABQ$$

という関係が成り立つことを示してください.

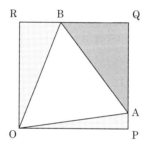

Oを共通の頂点とし,A, Bをそれぞれ辺PQ, QR上の点とするように長方形OPQRを描くのです.

Yさんはこの問題が成立するかどうか,本で調べてみたそうです.そして,ついに見つけました.

「ところが,サインコサインだらけなんだよ.我々の目標は『相似と三平方の定理だけ』だからね.それで,うんうん唸って考えた」

まるで和算家

正三角形の辺 AB の中点を M とし，M から OP, QR に下した垂線の足をそれぞれ L, N とすると，

$$\triangle \text{OMN} \backsim \triangle \text{MBL}$$

であり，相似比は

$$\text{OM} : \text{MB} = \sqrt{3} : 1$$

であるから，図の a, b, c を用いて

$$\text{ON} = \sqrt{3}a, \qquad \text{MN} = \sqrt{3}b, \qquad \text{OM} = \sqrt{3}c$$

したがって，直角三角形 ABQ, OAP, OBR の面積をそれぞれ S, S', S'' とすると，

$$\begin{aligned}
2S &= 4ab \\
2S' &= (\sqrt{3}a + b)(\sqrt{3}b + a - 2a) = (\sqrt{3}a + b)(\sqrt{3}b - a) \\
&= 2ab - \sqrt{3}(a^2 - b^2) \\
2S'' &= (\sqrt{3}b + a)(\sqrt{3}a + b - 2b) = (\sqrt{3}b + a)(\sqrt{3}a - b) \\
&= 2ab + \sqrt{3}(a^2 - b^2)
\end{aligned}$$

ゆえに，

$$2S' + 2S'' = 4ab = 2S$$

すなわち，

$$S' + S'' = S$$

「すごい！　まるで和算家だ，Y さん」

見事な補助線によって，相似（と三平方の定理）だけで解決してしまいました．と同時に，「刺し子」チームも作品を完成させたようです．

ピース

「こういうのはどうかな」

Gさんも何かやってみたくなり、問題図に正三角形を2つ描き足しました。3つの正三角形が頂点でつながっています。その隙間にあるのは直角三角形ですから、三平方の定理により、与えられた正三角形の面積は、Gさんが描いた2つの正三角形の面積の和になっています。でも、Gさんは別のことを考え付きました。

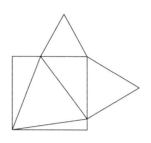

「ちょっと、はさみを借りるよ」

と言って、長方形の外側に描いた2つの正方形を切り抜きました。そして、それをパッチワークのピースのように、長方形の上にあてがいました。すると、

「おっ、はまった！」

2つのピースが、頂点がつながったまま、長方形に収まりました。

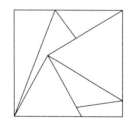

「Yさんの証明を見て気が付いたのさ」

長方形の縦横の長さは、

$$\mathrm{OR} = \sqrt{3}b+a, \qquad \mathrm{OP} = \sqrt{3}a+b$$

だから、こうなるというのです。

新作

「あっ、もしかしたら」

と、Yさんもこれに倣ってみました。

$$\frac{\sqrt{3}}{2}\mathrm{OR} + \frac{1}{2}\mathrm{BR} = \frac{\sqrt{3}(\sqrt{3}b+a)}{2} + \frac{\sqrt{3}a-b}{2}$$

$$= \sqrt{3}a + b = \mathrm{OP}$$
$$\frac{1}{2}\mathrm{OR} + \frac{\sqrt{3}}{2}\mathrm{BR} = \frac{\sqrt{3}b+a}{2} + \frac{\sqrt{3}(\sqrt{3}a-b)}{2}$$
$$= 2a = \mathrm{AQ}$$

「よし。もう一組」
$$\frac{\sqrt{3}}{2}\mathrm{OP} + \frac{1}{2}\mathrm{AP} = \frac{\sqrt{3}(\sqrt{3}a+b)}{2} + \frac{\sqrt{3}b-a}{2}$$
$$= \sqrt{3}b + a = \mathrm{OR}$$
$$\frac{1}{2}\mathrm{OP} + \frac{\sqrt{3}}{2}\mathrm{AP} = \frac{\sqrt{3}a+b}{2} + \frac{\sqrt{3}(\sqrt{3}b-a)}{2}$$
$$= 2b = \mathrm{BQ}$$

「やったあ」

G, Y ご両人の名コンビが，計 6 種類のパッチワーク・ブロックを創作しました。

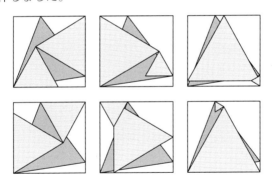

キュビズム

「そろそろ，一杯やろうか」

と Y さんが切り出すと，刺し子チームが今度はパッチワークを作りたいと申し出ました。仕方なく，

「Gさん,他に面白い図はある?」

と,こちらも図形談義を続行。

「あるある。Yさんの問題で思い出したよ」

それは,算額にある図でした。

問題 11-3 正方形の内に,正三角形 2 個と大小の円を図のように入れます。

このとき,大円と小円の半径の比を求めてください。

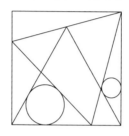

「これまた,変わった図だね。キュビズムか」

ピカソたちの絵を思い浮かべたのでしょう。言われてみれば,そう見えなくもありません。

「正方形と正三角形の関係は,何とかなりそうだね」

「Yさん,やってみて」

「いいけど,傾いた正三角形が描けるかどうかだね」

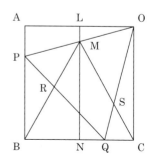

正方形の辺の長さを 1 とする。

右の図で,OP = OQ でなければならないから,

$$AP = CQ = 2LM$$

$$= 2\left(l - \frac{\sqrt{3}}{2}l\right) = (2-\sqrt{3})l$$

これより,

$$BP = BQ = l - (2-\sqrt{3})l = (\sqrt{3}-1)l$$
$$PQ^2 = 2\left\{(\sqrt{3}-1)l\right\}^2 = 4(2-\sqrt{3})l^2$$

一方,

$$OP^2 = OQ^2 = l^2 + \left\{(2-\sqrt{3})l\right\}^2 = 4(2-\sqrt{3})l^2$$

よって,

$$OP = OQ = PQ$$

「正三角形だよ。うまくできてる」

「よし。次は円の番だ。大小の円はどっちも一般の三角形の内接円だから,3 辺の長さと面積が必要だね」

「ちょっと待ってて,燗をつけてくるから」

手芸チームがパッチワークのコースターを作り終えたようで,世間話に花を咲かせています。そろそろ一杯やって仕上げといきたいところ。両夫人も台所へ向かいます。

「じゃあ,円の方を進めておくよ」

G さんはまず,三角形の内接円について整理しました。

三角形の辺の長さを a, b, c, 面積を S, 内接円の半径を r とすると,右の図から,

$$S = \frac{1}{2}ar + \frac{1}{2}br + \frac{1}{2}cr$$
$$= \left(\frac{a+b+c}{2}\right)r$$

この式で

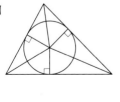

第 11 話 手芸

$$s = \frac{a+b+c}{2}$$
とおけば，$r = \dfrac{S}{s}$ によって半径が求められる。

　半径の求め方を確認したところで，G さんは前の図に戻り，等しい角に印を付けてみました。○は $60°$，×は $45°$，△は $75°$。そうすることで，4 つの三角形がすべて相似であることが分かりました。それぞれ向きが違うので，気付かなかった事実。一歩前進です。

　次に，辺の長さを少しでも求め易くするために，△BQR に補助線を引いて BR $= 2$ としてみました。すると，三角定規の形が役に立って，あちこちの線分の長さがするすると求まってきました。これは，最初の分析図で $l = 2 + \sqrt{3}$ としたことと同じです。

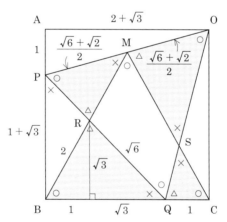

「ほう，ずいぶん進んだね」
両夫人に支度を頼んで，Y さんが戻ってきました。

早速，Gさんの描いた大きい図に目が留まりました。それをじっと見ていたYさんが，

「あっ，おしいなあ。小円がこっちにあれば」

そう言って，問題図の小円を直しました。

「ほら」

「ん？ あ，そうか。これなら，答えは2:1。なるほど，この方がきれいだね。さすがYさん」

Gさんが自分で描いた図で，

$\triangle BQR \backsim \triangle CSQ$

であり，対応する辺の比が

$BR : CQ = 2 : 1$

だから，内接円同士の半径の比も2:1ということです。

しかし，実際の小円は $\triangle OSC$ の内接円。$\triangle BQR$ と相似ではありません。

「仕方がない。$\triangle OSC$ の辺の長さを求めよう」

$\triangle BQR \backsim \triangle OSM$ より

$BQ : OS = BR : OM$

これより，

$$OS = \frac{BQ \times OM}{BR} = \frac{(1+\sqrt{3}) \cdot \frac{\sqrt{6}+\sqrt{2}}{2}}{2} = \frac{\sqrt{2}(1+\sqrt{3})^2}{4}$$

$\triangle BQR \backsim \triangle CSQ$ より

$BQ : CS = BR : CQ$

これより，

第11話 手芸

$$CS = \frac{BQ \times CQ}{BR} = \frac{1+\sqrt{3}}{2}$$

また,
$$OC = 2 + \sqrt{3}$$

「よし，これで揃った」

二人は分担して，手計算に入りました。その結果をまとめて，下に示します。

$\triangle BQR, \triangle OSC$ の「面積，周の長さ，内接円の半径」を，それぞれ $S_1, S_2, 2s_1, 2s_2, r_1, r_2$ とする。

$\triangle BQR$ について,
$$S_1 = \frac{\sqrt{3}(1+\sqrt{3})}{2}$$
$$2s_1 = (1+\sqrt{3}) + \sqrt{6} + 2 = \sqrt{3}(1+\sqrt{2}+\sqrt{3})$$
$$r_1 = \frac{S_1}{s_1} = \frac{1+\sqrt{3}}{1+\sqrt{2}+\sqrt{3}}$$

$\triangle OSC$ について，少し煩雑になるので，$k = 1 + \sqrt{3}$ とおく。すると,
$$k^2 = 4 + 2\sqrt{3} = 2(2+\sqrt{3}) = 2(k+1)$$

これを用いて,
$$S_2 = \frac{1}{2} \times OC \times \frac{1}{2} CS = \frac{(2+\sqrt{3})(1+\sqrt{3})}{8} = \frac{k^3}{16}$$
$$2s_2 = (2+\sqrt{3}) + \frac{\sqrt{2}(1+\sqrt{3})^2}{4} + \frac{1+\sqrt{3}}{2}$$
$$= \frac{k^2}{2} + \frac{\sqrt{2}k^2}{4} + \frac{k}{2} = \frac{k(2k+\sqrt{2}k+2)}{4}$$
$$= \frac{k(k^2+\sqrt{2}k)}{4} = \frac{k^2(k+\sqrt{2})}{4}$$

$$r_2 = \frac{S_2}{s_2} = \frac{k}{2(k+\sqrt{2})} = \frac{1+\sqrt{3}}{2(1+\sqrt{2}+\sqrt{3})}$$

計算を終えて一息つくと，二人は思わず顔を見合わせました．それもそのはず．結局，2 : 1 だったのです．

余韻に浸っている間に，晩酌の用意が整いました．御膳には，キノコの炊き込みご飯に里芋を使ったけんちん汁．そして，一合升．その下には，作ったばかりのコースターが敷かれています．

大徳利の酒をさしつさされつ，「もっと良い考え方・解法は？図柄は？」と，話は尽きません．

今宵は十六夜．部屋の灯りを落として，障子を通した月明かりを楽しみます．

コラム ■■■ 刺し子

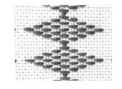

　　津軽こぎん刺し　　　　　南部菱刺し　　　　　　庄内刺し

　数百年の歴史を持つ伝統刺繍・刺し子は，雪深い東北地方を中心として，衣類の保温性と耐久性を高めるために始まったとされています．目が粗く保温に適さない麻布に麻糸を規則的に刺して目を塞ぐ必要から，上のような幾何学的な文様が生まれたと言われます．

　たとえば，$1, 3, 5, \cdots$ の奇数目で糸を刺す部分と開ける部分を構成すれば津軽こぎん刺しのような正方格子状の文様となり，$2, 4, 6, \cdots$ の偶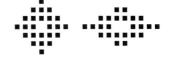
数目で構成すれば南部菱刺しのような菱形格子状の文様となるというのです．「用の美」とはこういうことを言うのでしょう．

　江戸時代の中期に，藤田貞資（さだすけ）は「今の算数に用の用あり，無用の用あり，無用の無用あり」と警鐘を鳴らしつつ，地方の算額の良問を流派を問わず収録した『神壁算法』シリーズを出版し，和算の庶民化に寄与しました．

　筆者が本書に託すものは，「無用の用に無用の美あり」とでもいえるでしょうか．

■■■

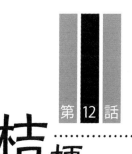

第12話 桔梗

再会

　普段はメールのやり取りをするだけで、なかなか会えない二人。それもそのはず、YさんとGさんの居住地は千キロも離れているのですから。それがひょんなことから再会を果たすことになったのです。夏至を少し過ぎた頃です。

　待ち合わせ場所は、二人の居住地の中間点にあたる京都市。陰陽師安倍晴明を祀る清明神社です。それというのも、ここの社紋である「晴明桔梗」（五芒星）を用いた問題を、YさんがGさんにメールで送ってきたからです。

「黄金比に2倍の円がかかわっていることが分かったので、もしやと思って星形で探してみると、ありました」

　ここで、「黄金比に2倍の円がかかわっている」というのは、次のユーモラスな図で円を小さい順に並べたときの3番目が1番

目の2倍になっていて，各円の半径の系列に黄金比が現れること
を発見したからです．

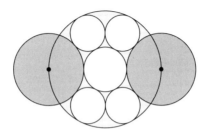

この発見を受けての作問でした．

問題 12-1 大円があり，その周の5等分点を1つ置きに
結んだ星形があります．そこに，大円周上に中心を持ち，
星形に外接する中円を5個描きます．さらに，大円の中心
と各中円の中心を結ぶ線分上に中心を持ち，大円の中心を
通って中円に外接する小円を5個描きます．

このとき，大，中，小の各円の半径の比を求めてくだ
さい．

美しい関係

　清明神社の一の鳥居には，社紋である晴明桔梗の額が掲げられています。似合いの場所で落ち合った二人は，再会の挨拶もそこそこに境内に進み，本殿にお参りした後，右手の御神木の下に腰を下ろしました。近くの植え込みには，桔梗の花が風に揺れています。

　「Yさん，すごいねえ。図もきれいだけど，美しい関係を次々に見つけ出して」

　「あはは，ついつい夢中になっちゃってね」

　美しい図が描けたとき，そこにある図形の辺の長さや半径がこれまた美しい関係にあることに気付き，それを証明するのが楽しくて仕方がないというのです。

　「だけど，その数理は必ずしも簡明でないんだよねえ」

　図が美しくその数理も簡明で美しいのがよい，とYさんは言います。日本の幾何にはその条件を満たすものが多く，自分なりの工夫や発見をもたらしてくれるのだそうです。

　「今度の問題のこと？」

　「うん。中学校までの知識で理解できるといいんだけど」

アンパンマン

　「じゃあ，きっかけになった図からやろうよ。Yさんから説明して」

　そこでYさんは，用意してきた図面を取り出しました。二人はこの日のために，思い思いの図とその解説を書いて持参したのです。

　「同じのが2枚あるから，1枚ずつ」

　プリントを見ながら，二人の会話が続きます。

問題 12-2 甲円1個，乙円2個，丙円1個，丁円4個が，図のように描かれています。

このとき，甲，乙，丙円の半径の比を求めてください。

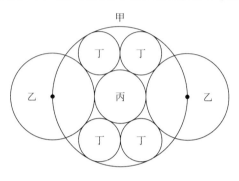

甲，乙，丙，丁円の半径をそれぞれ a, b, c, d とする。

直角三角形 $\triangle \text{BHD}, \triangle \text{CHD}$ に三平方の定理を用いて，

$$\text{DH}^2 = (b+d)^2 - (a-d)^2$$
$$\text{DH}^2 = (c+d)^2 - d^2$$

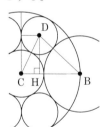

DH を消去して，

$$a^2 - b^2 + c^2 - 2d(a+b-c) = 0$$

この式に

$$d = \frac{b}{2}, \quad a \ (= \text{BC}) = b + c$$

を代入して整理すると，

$$b^2 - bc - c^2 = 0$$

これを満たす正の解は，

$$b = \left(\frac{1+\sqrt{5}}{2}\right)c$$

「ほうら，出てきた。不思議だよなあ」

黄金数が出てきたのです。すなわち，
$$\tau = \frac{1+\sqrt{5}}{2}$$
とおくと，$\tau^2 = \tau + 1$ より
$$a = b + c = \tau c + c = (\tau + 1)c = \tau^2 c$$
したがって，甲，乙，丙円の半径の比は
$$a : b : c = \tau^2 : \tau : 1$$
と判明しました。

おさげ

「この図が成立するための条件は，4つの円の半径の比が
$$甲 : 乙 : 丙 : 丁 = \tau^2 : \tau : 1 : \frac{\tau}{2}$$
ということだね」

「そういうこと。すると，」

甲円と丙円を，

　　　乙円の半径　（＝丁円の直径）　分

だけずらしてやることで，

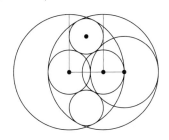

「ほらね」

Yさんがメールで伝えてきていた「おさげ」シリーズの1つが

完成したのです。

言い換えると、この結果は和算の伝統的な累円問題図において、

　　乙 : 丁 = 2 : 1

となる場合です。それは、甲円の直径を黄金分割して

　　乙 : 丙 = τ : 1

としたときであると分かったのです。

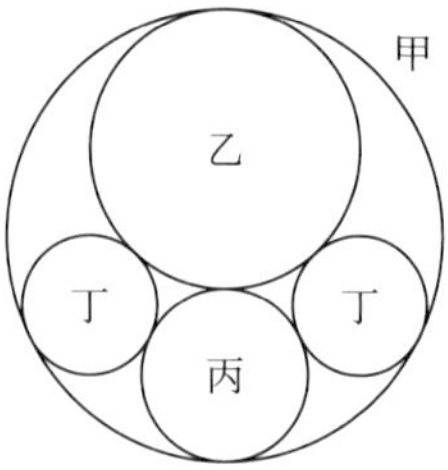

黄金分割

「いよいよ、問題 12-1 だね。G さんの考えは？」

「その前に、黄金分割と晴明桔梗を復習しておこうよ。Y さん、『原論』読んだよね」（第 2 話参照）

　黄金分割は、ユークリッドの『原論』で外中比と呼ばれ、「線分は、不等な部分に分けられ、全体が大きい部分に対するように、大きい部分が小さい部分に対する」と定義されています。

右の図において、

　　$a = b + c$　かつ　$a : b = b : c$

すなわち、正の数 a, b, c の間に

$$\begin{cases} a = b + c \\ b^2 = ac \end{cases}$$

という関係が成り立つように分割することです。「黄金」の名は、ずっと後になって 19 世紀にドイツで付けられたそうです。黄金数 $τ$ を用いると、正の数 a, b, c は

　　$a : b : c = τ^2 : τ : 1$

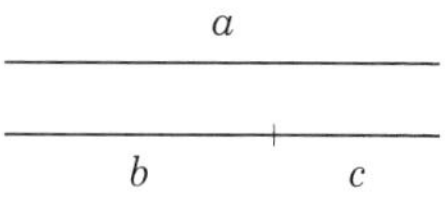

という黄金比の系列をなします。

桔梗

「次は桔梗だ。Gさん，お願い」

正五角形の頂点を1つ置きに結んでできる，一筆書き図形。正五角形の対角線で構成されていて，対角線同士が黄金分割し合っています。それは，右の図に示すように3つの相似な二等辺三角形を見れば分かります。

「そうなんだよねえ。だから，こんな風に円を入れても大きさは黄金比をなすだけ」

Yさんは，別のプリントを出して図を示しました。

「なるほど，それで問題12-1の図に至ったというわけだ」

「そうそう。すると，2倍の関係が見えてきた」

そこで，しっくりくる簡明な説明を考えようということになったのです。

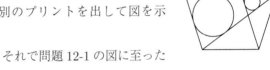

気球

メールのやり取りで，Gさんは次のような解釈を示しました。

問題12-1の図には大中小3種の円が含まれています。また，正五角形も3種含まれています。

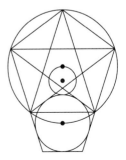

第 12 話　桔梗　　137

大円は大正五角形の外接円であり,中円は中正五角形の内接円です。大きさの比は,

(大正五角形):(中正五角形) $= \tau : 1$

また,1つの正五角形について,その外接円と内接円の大きさの比は,

(外接円):(内接円) $= 2 : \tau$

ただし,大きさの比とは,対応する辺の長さや半径の比。

これらの比の値をつなぐと,「気球」の大円と中円の半径の比は,

(大円):(中円) $= \tau \times \dfrac{2}{\tau} : 1 = 2 : 1$

となって,結局

(大円):(中円):(小円) $= 4 : 2 : 1$

「すごいよねえ。黄金比の連鎖図の中に,こんな単純な整数比があったなんて」

改めて説明したGさんは,発見者のYさんを眩しそうに見て,反応を求めました。

「そうだねえ。図の方は,雪だるまが気球に乗ったみたいで楽しいけど,正五角形の外接円と内接円の関係のところが難点かなあ,中学生には」

大中の正五角形の大きさの比はまだよいとして,1つの正五角形の外接円と内接円の大きさの比は,内角が $(36°, 54°, 90°)$ の直角三角形における斜辺と他の1辺の比。三角定規とは違います。

「やっぱりねえ。それで,その後考えてみたんだけど……」

これはどうかな? と取り出したのが,次の図です。

内角が $(36°, 54°, 90°)$ の相似な直角三角形を2つ作りました。

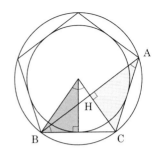

正五角形の辺と対角線の長さの比は $1:\tau$ ですから，右側に作った直角三角形の辺の比を考えれば分かる，というものです。

すなわち，

$$(外接円):(内接円) = \text{AC}:\text{AH} = \text{AC}:\frac{\text{AB}}{2}$$
$$= 1:\frac{\tau}{2} = 2:\tau$$

「そうか。中心角と円周角の関係だね。これなら中学生にも分かる」

Gさんの補足説明で，ようやくYさんのお許しが出たようです。

共通接線

「さっき，桔梗の隙間に入れた円の図を見せたけど，これはこれで，別の面白い関係に気付いたんだ」

拝観終了時間が近づいたのも気にせず，Yさんが新しいプリントを出しました。

「真ん中の正五角形の内接円（大円）と，その周りの2種類の三角形の内接円（中，小円）を描いてみたら」

そう言ってYさんは，その図に2本の平行線を引きました。2つの中円の共通外接線です。

「なんと，それぞれ大円の中心と小円の中心を通りそうなんだ」

そのことを証明したいというのです。

第12話 桔梗　139

問題 12-3 正五角形と，その頂点を1つ置きに結んだ星形があります。そこに，図のように大円1個，中円2個，小円1個が入れてあります。

このとき，2個の中円の共通外接線2本は，それぞれ大円の中心と2個の小円の中心を通ることを示してください。

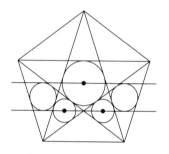

「下側の接線の方は，これでいいかなあ」

そう言って，Yさんは，右の図を示しました。合同相似のオンパレードです。下側の共通接線が正五角形の対角線の交点を通り，角を二等分していることを示しています。

したがって，小円の中心はこの接線上にあります。

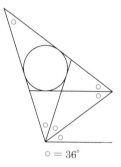

○ ＝ 36°

「問題は，もう1本の接線だよね」

Yさんがメールで，

「見た目納得・証明厄介シリーズの1つを考えてみました」

とコメントしただけあって，切り口を見つけるのが難しそう。でも，直接会って話をすると何とかなるものです。

「ああでもない，こうでもない」
と検討した結果，二人の得た結論は次のようなものでした。

まず，問題 12-3 図の中央の正五角形に着目すると，その外接円と内接円の半径の比は $2:\tau$（既出）。

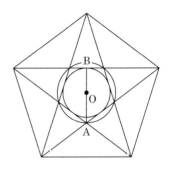

したがって，右の図で

　　$\mathrm{OA}:\mathrm{OB} = 2:\tau$

が成り立つ。

そこで，大円の半径を r とすると，

　　$\mathrm{OA} = \left(\dfrac{2}{\tau}\right)\mathrm{OB} = \left(\dfrac{2}{\tau}\right)r$

次に，問題 12-3 図の大円と中円は，相似な三角形の内接円どうしであり，その相似比は $\tau:1$ であることから，

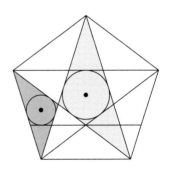

　　（中円の直径）
　　$= \dfrac{1}{\tau} \times$（大円の直径）
　　$= \dfrac{1}{\tau} \times 2r = \left(\dfrac{2}{\tau}\right)r$

したがって，

　　（中円の直径）$= \mathrm{OA}$

よって，2 個の中円の上側の共通外接線は，大円の中心を通る。

「こんなものかなあ」

第 12 話　桔梗

問題の主張が正しいことは示されたものの,もう少しすっきりさせたいところ。

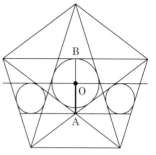

Yさんはというと,こちらはまだ問題図とにらめっこ。自分が用意した問題 12-3 図に,線分や円を描いて考え込んでいます。

そのとき,社務所から拝観時間終了の声がかかりました。もうそんな時間になっていたのです。

「Yさん,夕飯食べながら続けよう」

「そうだね。夜は長い」

二人は鳥居を出て,夕暮れの堀川通りを歩き始めました。Gさんの話では,二条城の近くに一押しの寿司屋さんがあるとのこと。宇和島出身のご主人の威勢の良い声を聞けば,また新たな考えが浮かぶかもしれません。

桔梗の歯車

Yさんはでかい穴子寿司を頬張りながら,新しい紙を取り出しました。何かに気付いたようで,補助線を引いています。

「ほら,太線で描いた正五角形が3つあるよね。OとPは問題 12-3 図の大円と中円の中心」

太い線で示した大,中,小の正五角形は,相似比が

$$\tau^2 : \tau : 1$$

したがって,その外接円の半径 PR, OQ, PQ の比も

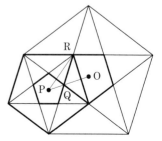

$$\tau^2 : \tau : 1$$

であるから，

$$\mathrm{PO} : \mathrm{PR} = (1+\tau) : \tau^2 = \tau^2 : \tau^2 = 1 : 1$$

「そうか。PO = PR だったんだ」

「そう。だから……」

「やったね，Y さん。あとは図解するだけ」

　Y さんがハモ寿司をつまみながら図解したのは，中円を軸に回転する桔梗。それを彼は，左右に一輪ずつ咲かせてみせたのです。

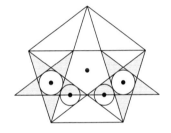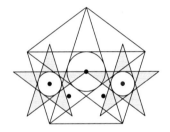

「正五角形の対角線は，互いに他を黄金分割する」

　この事実と角の関係がすべてであったことが，Y さんの図解で判明しました。2 個の中円の共通外接線問題が，同時に解決したのです。

「りーん，りーん♪」

　受話器を取ったご主人が席の予約を受けた様子。おかみさんに向かって，

「お二人さん，お帰りだよー！　へーい，おあいそ！」

GさんもYさんももう少し居たかったのですが，店のご主人はいつもこの調子。馴染みの客すべてに，その日の活きの良い魚を味わってもらいたいという配慮なのでしょうか。常連はそのことが分かっているので，気持ち良くさっと引き上げてゆきます。
　「ご馳走様」
　二人は寿司にも桔梗の歯車図にも大満足。正五角形に結んだ割り箸の袋を置き土産に，店を出ました。

コラム ■■■ 折り鶴

　折り紙（Origami）は，日本の文化として世界的に知られていますが，その代表は何と言っても折り鶴でしょう。1797 年にはすでに『秘伝千羽鶴折形』という書物が出版されているほどです。

　他方，遠く離れたヨーロッパでも同じ頃，スペイン語でパハリータ（小鳥），フランス語でココット（雌鶏）と呼ばれる折り紙が広まっていたそうです。

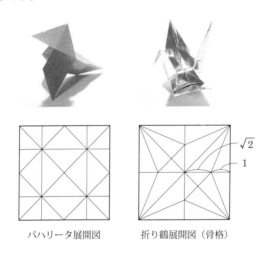

パハリータ展開図　　　折り鶴展開図（骨格）

　東西二大折り紙の展開図を比較してみると，パハリータは整数比に分割するのに対して，折鶴は白銀比に分割していることがわかります。

黄金比には二倍のサイズが関わっていることを応用すると,線分の白銀比分割と黄金比分割は

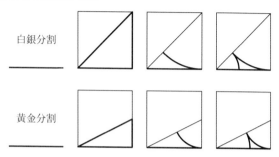

このように同様の手順で,最初の直角三角形の高さを半分にするだけで作図できます。そしてそれぞれの後半の円弧を描く作業は,紙の端を折線に重ねることによって代行することができるわけです。

　そこで,黄金比分割を組み込んだ易しい折り紙を設計してみました。

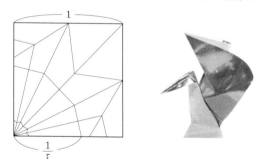

　伝統的な〈白銀〉折り鶴が飛翔する鶴だとすると,この〈黄金〉折り鶴は踊る鶴に見えるでしょうか。

第13話 おさげ髪

Yさんのおさげ

京都で再開したGさんとYさん。夕飯を済ませた後，宿に場所を移しての図形談義が続きます。

「4：2：1という比は，だいぶ前のメールで見た気がする」とGさん。

「ああ，それはこの図じゃないかな。おさげシリーズの」

Yさんが旅行鞄から取り出したのは，晴明神社で検討した問題12-1より遥かに簡明な図でした。

> **問題13-1** 外円とその直径で区切られた中に，大円と小円が2個ずつ，図のように入れてあります。
>
> このとき，外円，大円，小円の半径の比を求めてください。

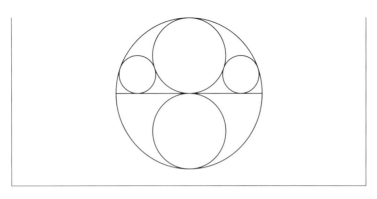

「ああ,これか。なるほど,言われてみればおさげだね,女の子の」

外円,大円,小円の半径をそれぞれ a, b, c として,△ABH と △BOK に三平方の定理を用いると,BH $=$ OK すなわち BH$^2 =$ OK^2 であることから,

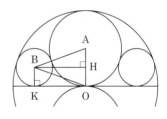

$$(b+c)^2 - (b-c)^2 = (a-c)^2 - c^2$$

これを簡単にして,

$$4bc = a^2 - 2ac$$

ここで,$a = 2b$ とすると,

$$4bc = 4b^2 - 4bc$$

から,

$$b = 2c$$

したがって,

$$a : b : c = 4 : 2 : 1$$

∎

「結果もシンプルでいい」

「そこで君が返してきた図があったのさ」

そのときメールでやり取りした図のことです。

「そうか。持ってきたかも」

今度はGさんが鞄の中からファイルを取り出して，

「あれは和算書にあった問題……，あっ，これこれ」

和算書の中のおさげ

Gさんが取り出した図は，外円の弦が直径ではありません。おまけに，与えられているのは1種類の円の大きさだけです。

問題 13-2 外円とその弦で区切られた中に，大円と小円が1個ずつ，上円と下円が2個ずつ，図のように入れてあります。

上円の半径が1のとき，下円の半径を求めてください。

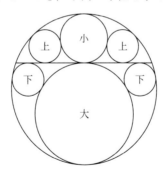

「初めのうちは，条件不足かなと思ったんだけど」

「やってみよう」

(外円, 小円, 上円), (外円, 大円, 下円) のいずれの組も半径を (a, b, c) で表すと, 三平方の定理を用いて,
$$(b+c)^2 - (b-c)^2 = (a-c)^2 - \{\pm(a-2b+c)\}^2$$
となり, 結果として同一の等式
$$b^2 - ab + ac = 0$$
が得られます。すなわち,
$$c = \frac{b(a-b)}{a}$$

「あれ? b と $(a-b)$ って, 小円と大円の関係?」

「そうなんだ。それで, 調べてみたのさ」

Y さんの話では, 和算家は (円, 弦, 矢) の関係に注目していたとのこと。

右上の図において, 直角三角形の相似により,

(矢) : (弦半) = (弦半) : {(円径) − (矢)}

すなわち,

(弦半)^2 = (矢){(円径) − (矢)}

問題 13-2 においては,

$$（円径）= 2a, \qquad （矢）= 2b$$

であるから，

$$（弦半）^2 = 2b(2a - 2b) = 4b(a - b)$$

したがって，

$$（弦）^2 = 16b(a - b)$$

この結果から，問題 13-2 の式は

$$c = \frac{b(a-b)}{a} = \frac{（弦）^2}{16 \times （外円の半径）}$$

「上円も下円も同じ大きさで，外円と弦だけで決まる」

「だから，問題 13-2 は『下円の半径も 1』となる」

「うまくできてるよなあ」

二人とも感心しきりといった様子で，何度もうなずいていましたが，やがて G さんが何か思い出したように Y さんの顔を見ました。

靴屋のナイフ

「これ，アルベロスだよ」

そう言って，G さんは問題 13-2 の図を縦半分に切ってみせました。

「どうしてすぐに思い出せなかったのかなあ」

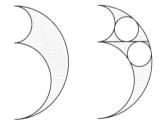

左の図の灰色部分が「アルベロス」の異名を持つ図形。その昔，西洋の靴屋が使っていたナイフに似ているので，その名が付いたそうです。この図形からは，信じられないような性質が次々

と現れます。

「『アルキメデスの双子の円』という名が付いている」

G さんが、右の図を指さして言いました。古代ギリシャのアルキメデスやパッポスに由来する図形だったのです。

問題 13-2 の結果の式
$$c = \frac{b(a-b)}{a}$$
を「双子の円」としてもう一度見直すと、

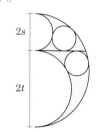

(双子の円の半径) $= \dfrac{st}{s+t}$

これは、「双子の円の直径」が、「外円の直径を分割する 2 円の半径 s, t」の平均（調和平均）であることを示しています。

黄金のおさげ

問題 13-1 は、外円の弦が直径の場合でした。

「今日、神社で『アンパンマン』を話題にしたね」

と G さん。

「そうそう。それにしてもそっくりだった。おまけに、黄金比まで現れて」

待ってました、とばかりに G さんが

「今度の『おさげ』には出てこないかなあ」

と水を向けました。

「じゃあ、外円の直径を黄金分割するよ」

アルベロスの図において、
$$s : t = 1 : \tau \quad (\tau = \frac{1+\sqrt{5}}{2})$$
とすると、

$$（双子の円の半径）= \frac{1 \cdot \tau}{1 + \tau} = \frac{\tau}{\tau^2} = \frac{1}{\tau}$$

よって，問題 13-2 の図でいえば，各円の半径の比が，

$$（外）:（大）:（小）:（上下）= (1+\tau) : \tau : 1 : \frac{1}{\tau}$$
$$= \tau^2 : \tau : 1 : \frac{1}{\tau} = \tau^3 : \tau^2 : \tau : 1$$

「おう。きれい，きれい」

「すばらしい！」

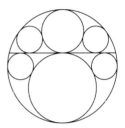

そう思って見るせいか，さすがにバランスのとれた「おさげ」図が完成しました。

「G さん，この図は和算にはないの？」

「どうかな。日本には『黄金比』という認識はなかったと思うけど。でも，それにしては算額図などに出てくるよね」

「へえ，不思議だねえ」

「自然界にはフィボナッチ数や黄金数があふれているっていうから，人が描く図形にも自然に入り込むんじゃないのかなあ」

「そして，美しい！」

七曜紋

「この問題，知ってる？」

Y さんが，鞄から別のプリントを取り出しました。

「外円を弦，それも直径で区切っているのは，問題 13-1 と同じだけど」

今度のは，片側に同半径の円が 3 個入っています。

問題 13-3 外円とその直径で区切られた中に，同半径の円（等円）が3個，図のように入れてあります。

このとき，外円と等円の半径の比を求めてください。

「見たことがあるような気がする。解いてみるよ」

外円と等円の半径をそれぞれ a, b とする。

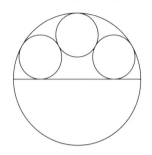

三平方の定理を用いて，

$$(2b)^2 - (a-2b)^2 = (a-b)^2 - b^2$$

簡単にすると，

$$2a^2 = 6ab$$

よって，

$$a = 3b$$

「あれ？ $a = 3b$ ということは，$2a = 3(2b)$」

Gさんは，新しい図を2つ描きました。

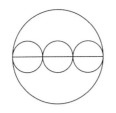
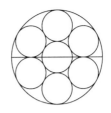

「直径に並べた3個の等円を,上側に押し込んだ図だったんだね。もとは,外円に等円が7個の『七曜紋』だよ」

Yさんがにやっと笑って,

「『ばれたか』って感じだね。一部分だけ見せられると,見慣れた図形も新鮮に感じられる」

と,面白いことを言いました。

七曜崩し

「問題13-3の図も,黄金分割で試してみよう」

このタイプも,弦の位置を調整することにしました。新しい弦は,それと垂直な直径を黄金分割する位置に引き,その弦で区切られた2か所に,見合った大きさの等円を3つずつ入れます。「七曜崩し」と名付けました。

問題 13-4 外円の弦を図のように $h:k=1:\tau$ となる位置に定めます。これによって区切られた2つの部分に,大円3個,小円3個を図のように入れます。

このとき,外円,大円,小円の半径の比を求めてください。

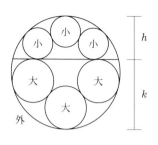

外円,大円,小円の半径をそれぞれ a, b, c とする。

問題 13-2 のように補助線を引いて,三平方の定理を用いると,

$$(2c)^2 - (h-2c)^2 = (a-c)^2 - (a-h+c)^2$$
$$(2b)^2 - (k-2b)^2 = (a-b)^2 - (a-k+b)^2$$

より,

$$c = \frac{ha}{2a+h}, \qquad b = \frac{ka}{2a+k}$$

ここで,$h = 1$, $k = \tau$ とすると,

$$a = \frac{h+k}{2} = \frac{1+\tau}{2} = \frac{\tau^2}{2}$$

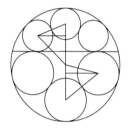

であるから,

$$c = \frac{\dfrac{\tau^2}{2}}{\tau^2+1} = \frac{\tau^2}{2(\tau^2+1)}$$

$$b = \frac{\tau \cdot \dfrac{\tau^2}{2}}{\tau^2+\tau} = \frac{\tau^3}{2\tau(\tau+1)} = \frac{\tau^3}{2\tau \cdot \tau^2} = \frac{1}{2}$$

したがって,

$$a : b : c = \frac{\tau^2}{2} : \frac{1}{2} : \frac{\tau^3}{2\tau(\tau+1)} = \tau^2 : 1 : \frac{\tau^2}{\tau^2+1} \qquad ■$$

「外円と大円の関係は,きれいだ」
「$b = \dfrac{1}{2}$ ということは,$2b = h$」

「あっ,上に大円がぴったり!」

合体

　二人は,大喜び。なぜって,「黄金のおさげ」図が見えたからです。弦の上側の部分に入った大円の左右の隙間には,黄金のおさげが入るからです。

「しかも,おさげの部分の円は頭(大円)の大きさのπ分の1倍」

「だから,ど真ん中にすっぽり!」

　まもなく日付が変わるというのに,二人は夢中になって,話の流れを図に描いてみました。

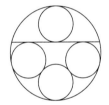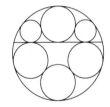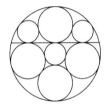

それから,上下を隔てる弦を取り去りました。

出てきたのは,「おさげ」を垂直にぶら下げた少女。夜目にも美しい姿を現しました。

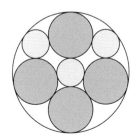

第13話 おさげ髪

コラム ■■■ 三つ編み

おさげ髪と言えば，三つ編みが似合うというイメージがありますが，現代世界では特に日本で好まれていると指摘する向きもあるようです。とはいってもさすがに江戸時代にはなかった

でしょうから，明治以降洋風の髪形を真似たのだろうと思いきや，なんと縄文時代の土偶に三つ編みをしたものが発見されていたというからビックリです。たしかに後頭部に2本の三つ編みをまとめている様子が見てとれます[1]）。

ところで，立体的に見える三つ編みはじつは平面的なのだという指摘があってまた驚きました。どうやら3点では平面しかできず，4点あってはじめて立体にできるのと同様に，4本以上ないと円筒状にはできないようです。とはいえ，4本あっても，三つ編みと同様に，1つ潜って1つ越すという編み方をすれば四つ編み（中央）になります。

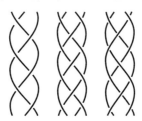

三つ編み　四つ編み　四つ組み

それとは違う編み方，3つ潜って3つ越すという編み方を繰り返せば，右のような立体的な四つ組みができるのです。このような〈組み紐〉も現代の幾何学の一分野となっています。　　　　　　　　■■■

1）　図は財団法人長野県文化振興事業団長野県埋蔵文化財センター 2005『聖石遺跡・長峯遺跡・(別田沢遺跡) 第 3 分冊：長峯遺跡 (別田沢遺跡) 図版編』長野県埋蔵文化財センター発掘調査報告書 69 より。

第 14 話

一寸法師

　普段ならそろそろ床に就く時間です。でも，やっと再会できた二人は一向に休もうとしません。

「少し気楽な図で，コーヒータイムにしよう」

　お茶請けまで図形です。

「最近，答えが『一寸』となる問題に凝っているんだ」

　用意してきた中から，Gさんが次の問題を示しました。

　問題 14-1　今，外円内に大円2個を入れ，図のように菱形を描きます。

　外円の半径を8寸として，半径が1寸の円を図の中に探してください。

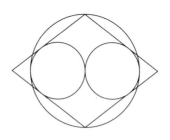

「一寸法師はどこに隠れていると思う？」

メガネ君

　大きい丸メガネを掛けた少年のような図柄。これは，Gさんの住む地域にある神社の算額図です。ただし，「額」ではなく，天井板に描かれているそうです。

　外円とは顔の輪郭に当たる円。その直径上に，同じ大きさの大円が2個並んで内接しています。したがって，大円の半径は4寸です。

　Gさんは「『一寸』に凝っている」と言いましたが，もちろんこれは与えられた値に対する比率の問題。つまり，「一寸法師」と呼んでいる円の半径は，

　　（外円の半径）$\times \dfrac{1}{8}$ ＝（大円の半径）$\times \dfrac{1}{4}$

だというのです。

両耳

　Yさんはコーヒーカップを手にして，羨ましそうに図を眺めていました。なんでも，Yさんの住んでいる県には算額が残されていないのだそうです。

　「なるほど，メガネ君ねえ」

　そう呟きながら，しかし彼の人差し指は菱形を何度もなぞって

います。そして,

「もしかしたら」

と呟いてカップを置き,何やら計算を始めました。

「やっぱり！」

「何が？」

Yさんは,それに応える代わりに

「耳つけたぁ！」

と,おどけた調子で洒落を飛ばしました。

なるほど,彼が示した図には,問題図にはなかった円が2個描かれています。メガネ君の顔の両脇,耳に当たる部分です。返事は「見いつけたぁ！」の掛詞のようです。

顔の半径が8寸のとき,耳の半径は1寸。これがYさんの結論です。さすが,Yさん。二,三行の計算で急所を突きました。

作図題

Yさんは,メールと手紙で楽しんだときのことを思い出したようです（第9話）。

「これも『みよこさん』だよ」

と言って,逆に彼の方から問題が投げ掛けられました。

「3:4:5のピタゴラスの三角形を作図せよ」

これには一本取られました。日本の神社の,それも天井に描かれた楽しい図から,西洋数学の言葉が出てきたのですから。

「3:4:5のピタゴラスの三角形」とは,「みよこさん」と名付

けた直角三角形。それを，

「目盛のない定規とコンパスを用いて作図せよ」

とは，いわゆる古代ギリシャ以来の「作図問題」を解け，との投げ掛けになっているのです。

右の図は，Yさん自身の作図法です。直線上にO, Aをとってから，コンパスと定規を使ってアルファベット順に点を決めればよいというもの。垂線ABの描き方や△BADが「みよこさん」になる理由については，読者の皆さんにお任せします。

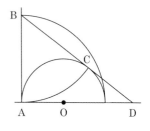

それが分かれば，右の図でフィニッシュです。和算に関心を持ちつつ，ユークリッドの『原論』にも目を通す，木工職人Yさんの和洋折衷です。

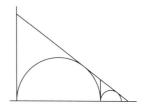

「n 分の 1」の円

Gさんは，今度は「メガネ君」の顔の半分を 90° 回転した上で，そこに新たな円を加えました。

問題 14-2 問題 14-1 図の一部に，中円 1 個と小円 2 個を図のように入れました。小円は，弓形の部分に内接する最大の円です。

このとき，中円と小円の半径は，それぞれ大円の半径の何分の 1 でしょうか。

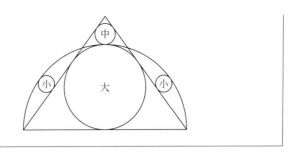

これも別の神社に奉納された算額図なのですが，少し手を加えるだけでだいぶ趣が違います。

しかし，Yさんは即座に気付いたようです。

「図の大円と中円の関係は，メガネと耳の関係だから，解決済。つまり，

　　　(中円の半径) = (大円の半径) × $\frac{1}{4}$

だから，今度の問題は小円の大きさに絞られるね」

そして，描き入れる補助線も決まっています。

「みよこさんの相似形で，一発解決」

とのYさんの発声で，今度はGさんが書き込みをしました。

図の下には，

　　　(小円の半径) = (大円の半径) × $\frac{1}{5}$

という結論があるだけです。

「(大円の直径) : {(大円の直径) − (小円の直径)} = 5 : 4 の一行解だね」

とは，Yさんの合いの手です。

第 14 話　三つ子　　163

レベルアップ

2問とも簡単に解かれてしまったので,次は応用問題。

「一緒に考えようと思って,G さんしたよ」

今度は G さんの掛詞です。

問題 14-3 半円の内に,大円1個と甲円2個を図のように入れ,大円と甲円の共通外接線を引きます。

さらに,この2本の接線と半円で囲まれた部分に,乙円1個と丙円2個を入れます。

このとき,甲,乙,丙円の半径は,それぞれ大円の半径の「何分の1」でしょうか。

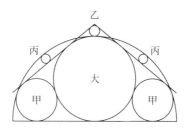

問題 14-2 では,大円の接線を半円の直径の両端から引いていますが,14-3 では大円と半円の隙間に2個の甲円を入れ,大円と甲円の共通外接線を引いています。丙円は,例によって弓形部分に内接する最大の円です。

おさげ

「あれっ? これ,『おさげ』だね」

「あっ,ほんとだ。何で気付かなかったんだろう」

G さんは,Y さんのコメントにハッとしました。先ほどまで

検討していた話題。その最初に取り上げた問題 13-1 図に，2 本の共通接線を引いたものだったのです。

「和算に現れたから『おさげ』と名付けたけど，西洋ではアルキメデスの『双子』の円。

$$（双子の円の半径）= \frac{LR}{L+R}$$

だったね」

「そう。だからこの問題で大円の半径を R とすると，甲円の半径は $\frac{1}{2}R$ だね」

ここからは，二人の計算が続きます。

下の図で，(問題 7-4 より)

$$AO = 2HO = 2 \cdot 2\sqrt{R \cdot \frac{1}{2}R} = 2\sqrt{2}R$$

$\triangle AOB \backsim \triangle CKB$ であるから，

$$AO : CK = OB : KB$$

これより，

$$AO^2 \cdot KB^2 = CK^2 \cdot OB^2$$
$$AO^2 \cdot (BC^2 - CK^2) = CK^2 \cdot (BC + CO)^2$$
$$8R^2(BC^2 - R^2) = R^2(BC + R)^2$$

整理すると，

$$7 \cdot BC^2 - 2R \cdot BC - 9R^2 = 0$$
$$(7 \cdot BC - 9R)(BC + R) = 0$$

よって，

$$BC = \frac{9}{7}R$$

であり，これより

$$OB = \frac{16}{7}R, \quad DB = \frac{2}{7}R$$

したがって，乙，丙円の半径をそれぞれ s,t とすると，$R:s=$ OB : DB より，
$$s = \frac{1}{8}R$$
OB : OE = BC : CK, OE = $2R - 2t$ より，
$$t = \frac{1}{9}R$$

蓑

「ふう，さすがに疲れたね」

もう，零時を回っています。きれいな結果が出ましたが，だんだん目がショボショボしてきました。

「だけど，Gさん。おさげと分かったからには，傘だけじゃなくて，蓑も着せたいね」

タフなYさん，飽くなき好奇の，しかし充血した目をこすりこすり，笠を被ったおさげ図から笠とおさげを取って，蓑を着せました。頭と胴体の共通外接線です。

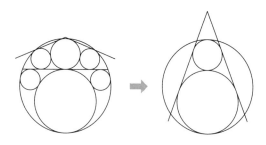

問題 14-4 図の春夏秋冬円の半径をそれぞれ L, R, s, t として，s, t を L, R を用いて表してください。ただし，冬円は弓形部分に内接する最大の円です。

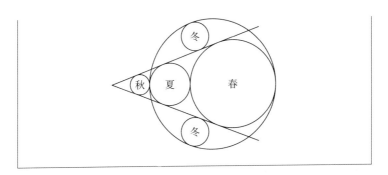

「前の問題は，少し扱いにくい感じがしたから，基本の接線にしたのさ」

なるほど，おさげの大きさを決定する頭と胴体に接線を引いてみた，ということです。そこに，前の問題の乙丙円に当たる秋冬円を入れたのです。

この図を見たGさん，すっきりした構図にやる気が出ました。
「よっしゃ，補助線を引くよ」
「そうこなくちゃ，明日はお別れだからね」
二人は，コーヒーも気合も入れ直しました。

三つ子

図を見ながら，二人は式を立ててゆきます。

まとめると，相似な直角三角形3個を組み合わせて，次の関係式を得ました。

$$\begin{cases} \dfrac{L-R}{L+R} = \dfrac{R-s}{R+s} & \cdots\cdots ① \\ \dfrac{L-R}{L+R} = \dfrac{(L+R)-R-2t}{(L+R)-R} & \cdots\cdots ② \end{cases}$$

①式から，
$$s = \frac{R^2}{L} \quad \cdots\cdots ①'$$
②式から，
$$t = \frac{LR}{L+R} \quad \cdots\cdots ②'$$

途中を省略したこともありますが，すんなり解けてしまいました。しかも，その結果に二人は大喜び。願ってもない成果が得られたのですから。

「すごいよ，Gさん。まず，①′式は $R = \sqrt{sL}$ だろう？」

だから，3個連なる円の2番目の円の半径は，両端の円の半径の相乗平均。

「そう。そして，それより何より ②′ は調和平均の半分の形」

「だから，冬円は『おさげ』と同じ大きさ！」(第13話)

大変なことになりました。外円の直径を分ける2個の円によって生じる「おさげ」，すなわち「双子の円」は，実は三つ子だったのです。

またしても

余韻に浸る間もなく，二人は
$$\frac{R^2}{L} = \frac{LR}{L+R}$$
と置きました。$s = t$，すなわち秋円と冬円を同じ大きさにしようというのです。

これより，
$$L^2 - RL - R^2 = 0$$
$L > R$ として解くと，
$$L = \left(\frac{1+\sqrt{5}}{2}\right)R$$

「いやはや,また金を掘り当てるとは」
誰が想像したでしょうか。

$R : L = 1 : \tau$

外円径が,秋円と春円によって黄金分割されたのです。黄金を見る二人の目は,なぜか真っ赤です。

問題 14-4 の横になった美しい形が美しい数理を引き寄せ,その数理がおさげの少女をすっくと立たせました。その立ち姿は,古都の夜景に溶け込んで,ぼんやりと光っています。

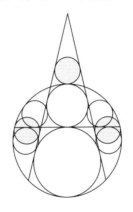

第15話

黄金の円を求めて

ヒーロー

　京都で再開したGさんとYさん。一夜明けて，今日は伏見へ出向き，御香宮神社をお参りすることにしました。それというのも，この神社には江戸時代の算額が残っていて，その中に二人が追い求めている「黄金の円」の問題が含まれていると知ったからです。

　伏見へ向かう電車の中で，二人はきっかけとなった問題を振り返ってみました。

> **問題 15-1**　外円の内に，同じ大きさの円（等円）が3個，図のように入っています。
> 　このとき，外円と等円の半径の比を求めてください。

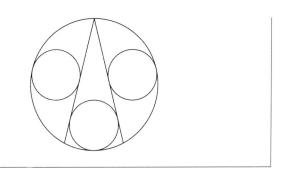

　外円が 2 本の弦によって 3 つの部分に分かれ,それぞれの部分に内接する最大の円が描かれています。この問題は,

「両目と口のように見える 3 つの円が同じ大きさになったとき,何かが起こる」

そう投げ掛けているように感じられます。

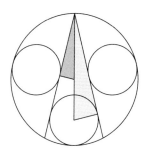

　外円と等円の半径を a, b とする。
　図の灰色の直角三角形の相似により,
$$a : (2a - b) = (a - 2b) : b$$
という比例式が成り立つ。これを簡単にすると,
$$a^2 - 3ab + b^2 = 0$$

「ほうら,見慣れた 2 次方程式が出てきた」

$b = 1$ とすれば,
$$a^2 - 3a + 1 = 0$$

第 15 話　黄金の円を求めて

1 より大きい解を選んで，
$$a = \frac{3+\sqrt{5}}{2} = \tau + 1 = \tau^2$$
よって，
$$a : b = \tau^2 : 1$$

「というわけで，黄金数が現れた」
「ウルトラマン・ゴールド，新登場！」

口を閉じる

「目移りがするから，下の等円を消しておくよ」

新登場のヒーローが口を閉じました。すると，目の下に隈ならぬ直線が浮き出てきました。両目の円の共通外接線です。

問題 15-2 問題 15-1 において，左右の等円に共通外接線 GJ を引きました。

このとき，下図において OH = OB が成り立つことを示してください。

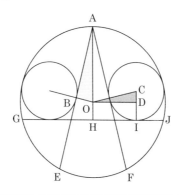

等円の半径を 1 とすると，外円の半径は τ^2（問題 15-1）。直角三角形 △AOB, △OCD は相似であるから，

OA : OC = OB : CD

すなわち，

$\tau^2 : (\tau^2 - 1) = (\tau^2 - 2) : \text{CD}$

が成り立つので，

$$\text{CD} = \frac{(\tau^2 - 1)(\tau^2 - 2)}{\tau^2} = \frac{\tau(\tau - 1)}{\tau^2} = \frac{1}{\tau^2}$$

よって，

$$\text{OH} = \text{DI} = \text{CI} - \text{CD} = 1 - \frac{1}{\tau^2} = \frac{\tau^2 - 1}{\tau^2} = \frac{\tau}{\tau^2} = \frac{1}{\tau}$$

一方，

$$\text{OB} = \tau^2 - 2 = \tau - 1 = \frac{1}{\tau}$$

となって，OH = OB が示された。

なお，黄金数

$$\tau = \frac{1 + \sqrt{5}}{2}$$

は，2 次方程式 $x^2 - x - 1 = 0$ の解であるから，

$$\tau^2 = \tau + 1, \qquad \tau = 1 + \frac{1}{\tau}$$

などが成り立つので，これらを用いた。

「じゃあ，下の等円を戻すよ。ぱっ！」

Y さんがそういうと，開いた口が両目の共通外接線にピタリと接しました。

これを見て G さんも，

「OH = OB だから，例えば左の等円とその接線 AE を対にして O の周りに

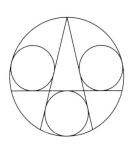

回転したのが，下の等円とその接線 GJ，……」

と応じたのですが，最後まで言い終わらないうちに，二人が同時に声を上げました。

変身

「GJ って，これ，『黄金おさげ』の弦と同じ位置だ」

顔を見合わせた二人は，同じことを言いました。

外円の直径が $2\tau^2$ であり，

$$\mathrm{AH} = \mathrm{AO} + \mathrm{OH} = \tau^2 + \frac{1}{\tau} = (\tau+1) + (\tau-1) = 2\tau$$

ですから，

（外円の直径）：$\mathrm{AH} = 2\tau^2 : 2\tau = \tau : 1$

したがって，点 H は AH を延長した直径を黄金分割しているのです。しかも，OH = OB です。

昨夜描いた「黄金おさげ」図を Y さんが取り出すと，G さんは図を 180° 回転してから，そこに 3 本の線分を引きました。それらの線分には，大小の円が重複を許して 7 組，それぞれ 1 点を共有して接しています。そこで，その 7 組の中心同士も線で結んでみました。

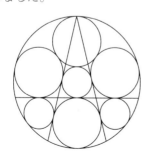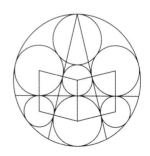

変身を遂げ，菱形合わせのマスクを掛けたヒーローは，二人を御香宮神社へと誘います。

御香宮算額

　桃山駅で降りて5分ほど歩くと，御香宮神社の表門がありました。門をくぐり，石畳の長い参道を歩いて拝殿に着いた二人は，右手に建つ絵馬殿に移動。早速，お目当ての算額を探しました。

　この神社の算額は，江戸初期に掲げられたものが有名で，その復元額が奉納されています。

> 伏見桃山御香宮には天和三年（1683年）山本宗信が算法一問を自問自答し，さらに二問を遺題として算額を奉納した。元禄四年（1691年）同門長谷川鄰完はこれを解き京都東山祇園社（現八坂神社）に算額を奉納した。原題が現存すれば数学史上最も貴重な文化財である。（昭和50年日本数学史学会近畿支部復元奉納記より）

　しかし，二人のお目当てはこの復元額ではありません。文久3年（1863）に奉納された現存額の中の一問です。額はすでに色褪せて，図も文字も判読できない状態になっていましたが，二人は実物に出会えただけで大満足。問題は残された記録で知っていたからです。

> **問題 15-3** 灰色に塗った3個の円（等円）の半径を与えて，他の5個の円の半径を求めてください。

第15話　黄金の円を求めて　　175

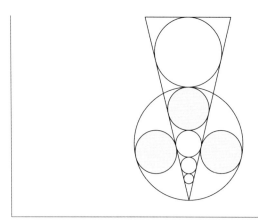

　実物は 2, 3 個の円と接線を含む三角形がうっすら見える程度ですが,二人にとっては手持ちの図が頭に入っているので,迷わず特定しました。ウルトラマン・ゴールドが逆立ちしている図です。

　二人は,日陰の涼しい場所へ移動して語り合いました。

「図をくるり回して,と。電車の中で検討したから,チョチョイのチョイだね」

「そう。3 個の等円には共通の接線があって,中央の円の大きさは等円の $\frac{1}{\tau}$ 倍」

「あとは,比例計算さ」

「黄金数 τ, $\frac{1}{\tau}$ の倍率で拡大縮小すればよし」

　二等辺三角形内の隣り合う円の半径比は $1:\tau$ である,という結論です。

連鎖反応

　御香水をいただいた後,二人は神社を後にして駅に移動し,電車に乗りました。向かうは宇治市,平等院鳳凰堂です。

　座席に着いた二人は,早速お絵描き。黄金による拡大縮小

は，「入れ子」の連鎖を引き起こすことが分かったので，Gさんはウルトラマン・ゴールドの連鎖図を，Yさんは「黄金おさげ」の連鎖図を描きました。

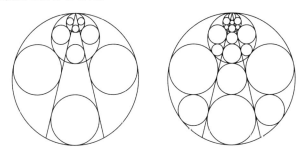

旅の終わりに

車内アナウンスが，次の停車駅を告げました。

「さあ，降りよう」

平等院に算額はありませんが，世界遺産の美しい鳳凰堂を拝んでおきたいからです。

「ほら，Yさんも知ってる山上光道。彼の出身地が，宇治らしい」

山上光道は，江戸時代後期の人物。天保14年（1843）に『異形同術』を著したとされる和算家です（付録参照）。

「知ってるさ。与えられた数値に同じ値 k を掛ければ答になる問題を，32問も集めた人だよね」

同じ値 k とは，
$$k = \frac{3-\sqrt{5}}{2}$$
すなわち，
$$\frac{3-\sqrt{5}}{2} : 1 = 1 : \frac{3+\sqrt{5}}{2} = 1 : (\tau + 1) = 1 : \tau^2$$

第15話 黄金の円を求めて　177

山上は，知ってか知らずか，「黄金数」を内蔵した図を 32 も見出していたのです。そのことは，彼の生まれ育った地と無関係ではないはずです。

　鳳凰堂の美しい姿が，彼の審美眼を育てたに違いない。そう思って，二人は旅の終わりにこの地を選びました。

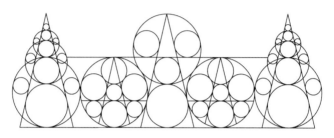

第16話
黄金の月
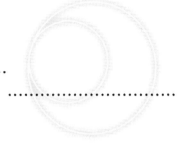

寺子屋

　樹齢千年の枝垂桜「三春滝桜」で名高い福島県三春町。この小さな町は，江戸から明治期にかけて奉納された算額を数多く有する，全国でも珍しい場所です。

　さて，この町で「三春まちなか寺子屋」が開催されることになりました。毎月1回，算額が現存する寺や神社を訪れ，実物を見ながら額を鑑賞したり問題を考えたりしようという取り組みです。

　猛暑の8月。今回の寺子屋の場所は田村大元神社です。ここには2面の算額が残されていて，その中に「二十・十二面体」の体積を求める問題があるのを，Gさんは知っていました。

　「11日は空いてる？」

　電話の相手は，Gさんの数学仲間のYさんです。彼は，檜材を使ってさまざまな立体を手作りしている木工職人です。

　「うん，行く行く」

多面体

　算額では，二十・十二面体のことを「(五角十二面三角二十面)截籠」と表現しています。今の人がこれを見たら，ずいぶん大雑把な表現だと思うでしょう。しかし，「截籠（さいろう，きりこ）」が，三角と六角からなる「籠目（かごめ）」編みを曲面にしたときに，六角が五角に変形したものとして，昔の日本人には馴染みの立体だったのでしょう。まさに手仕事の産物です。

　この立体は，正十二面体（または正二十面体）の頂点を削ることによって構成することができるのです。Yさんはすでにこの立体の製作（下の写真）を手掛けていて，Gさんからの情報で算額にも登場することを知っていました。

（正十二面体，二十・十二面体，正二十面体）

プレゼント

「何人くらい参加するのかな」

「20人程度じゃないか。なんで？」

「せっかくだから，何か作ってプレゼントしようかと思ってさ」

　さすがYさん，プレゼントの品は手作りに限ります。相談の結果，真夏の神社はさぞかし暑かろうと，紙製の丸団扇を使うことにしました。社殿内で算額を見ながら問題を楽しむ企画ですから，頼りは自然の風だけです。でも，無地の団扇だけでは芸がありません。これに「黄金の屋根」を貼り合わせて，壁掛けとしても使えるものをプレゼントすることにしたのです。

黄金の屋根

ユークリッドの『原論』によれば，正六面体の各面に軒のない屋根（寄棟造り）を上げると，二十・十二面体の基になる正十二面体が構成できます。1本の大棟木と4本の下り棟木の長さはすべて等しく，正六面体の辺長の $\frac{\sqrt{5}-1}{2}$ 倍とします。すると，（天井からの）屋根の高さは，棟木のちょうど半分になります。

右の写真をご覧ください。1枚目がその屋根で，それを赤い家に「棟上げ」したのが2枚目です。アクリルボックスを利用しているため，建築現場の鉄骨ならぬ「アクリル骨」が邪魔をしていますが，ご容赦ください。

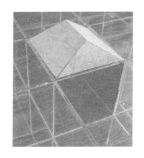

さて，3枚目です。家の側面，正方形の壁にも屋根と同じ構造物（これも屋根と呼びます）を取り付けます。すると，上の屋根面と壁の屋根面が折れ曲がらずに（平面をなして）ピタリとつながり，正五角形面を構成します。

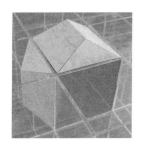

しかし，これは証明を要することです。驚くべきことに，『原論』にはその証明が載っているのです。これに感動したYさんは，証明の急所をきれいな問題に仕上げました（第2話「東方見

聞録」)。

4枚目。赤い家の六面すべてに屋根を取り付けました。『原論』の保証するところにより，屋根面と屋根面が12枚の「平面の」正五角形を作り，全体として正十二面体を構成しました。

これらの図は，立方体から正十二面体を切り出す方法を明確に教えてくれています。すなわち，立方体の12本の辺をすべて同じ角度で「切稜」すればよいのです。切稜角は約31.7°，

$$\frac{高さ}{底辺} = \frac{\sqrt{5}-1}{2}$$

（黄金数の逆数）を満たす角です。

この事実を基に，Yさんは立方体の檜材から精巧な正十二面体を切り出すことに成功しました。

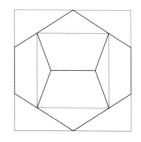

壁掛け

「屋根だけをたくさん作って，丸団扇に貼りつけよう」

Yさんの発案で材料を購入し，手分けして製作することになりました。黄金の屋根を平面上に隙間なく並べるのですが，単調を避けるため大棟木の向きを

互い違いにします。すると，八百八町の甍の波が美しい文様を描きます。ある意味で，正十二面体の立体展開図。

プレゼント用壁掛けの完成です。

四等辺五角形

Yさんは，文様が見やすいようにと投影図を作りました。すると，立体としては対角線で直角に折られた正五角形が，投影図で

はすべて合同な「四等辺五角形」になり、それらが平面を隙間なく覆っているではありませんか。これを使わない手はありません。

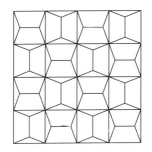

幸い、団扇の片面が空いています。その面に、五角形を構成する線だけ描いた紙を貼ることにしました。どの五角形も辺同士でつながっているので、隣同士が同じ色にならないよう4色で色分けしてあります。

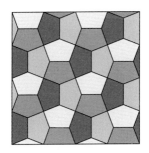

合同な凸五角形による敷き詰め文様の完成です。六角形による敷き詰めと見ることもできますが、それは五角形が整った形をしているからです。

凸五角形による平面充填問題は、近年ようやく解決を見て、全部で15のタイプに限ることが示されました。ここで

見つけた五角形は，例えば前図のタイプの特別な場合と考えることができます。

「カイロのタイル張りと同形さ」

△と□の2つ目の敷き詰め（△△□△□）で，△と□の中心を結んでできる双対模様のことを指しています（第1章参照）。模様を構成する六角形が，少し細長くなっています。

Yさんから送られてきたデータを出力して，Gさんも団扇の裏にきれいな文様を貼りつけました。これで完成です。

丸団扇の算額？

さて，寺子屋当日。前日にも増して暑い日差しの中，多くの参加者がすでに神社に集まっていました。

宮司さんのお話を伺った後，YさんとGさんは持参した手作り壁掛けを参加者にプレゼントしました。全員に行き渡ったところで文様の説明を始めたところ，

「わあ，きれいだね。どうやって作ったの？」

という声に交じって，

「あれっ？　この団扇みたいな図がある」

というざわめきがあちこちから聞こえたのです。

算額は2面あり，9問ずつの18問が奉納されています。Gさんはこれまでに数回訪れたことがあり，写真も撮ってあるので問題図は見慣れているつもりでした。ところが，改めて調べてみて驚きました。今回用意した団扇のような形の図があったのです。それも，二十・十二面体の問題の隣に！

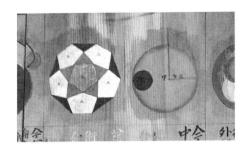

Yさんはこの偶然に大喜び。してやったりと，一同を見回しました。

重心の位置

> **問題 16-1** 厚さが均一の大円板から，図のように内接小円板を切り抜いた板の重心を考えます。
>
> 大円と小円の半径を与えて，図の x を求めてください。
>
>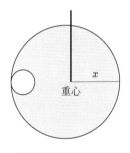

問題文を読むと，重心の位置を求める問題です。それでGさんは気が付きました。重心の問題は全部で3問含まれていて，一般には積分計算を余儀なくされる難問です。

（寺子屋の数学）＝（直角三角形）＋（相似形）

という考えが無意識にあって，最初から眼中になかったため

です。

YさんとGさんは，この丸団扇問題を検討することに決めました。

境の明神

上記の問題は均質・均一の板の場合であり，境界も円なので，円の面積比較だけで解決します。ただし，「力のモーメント」の原理を既知としての話です。

「類題がないかどうか，探してみるよ」

一般ではなく個別の，それもきれいな整数比になるものがないかと，Yさんは，Gさんの持参した分厚い算額記録集をぱらぱらとめくっています。Gさんの方は，図をいくつか描いて解法を探っています。

しばらくして，巻末近くにピッタリの問題が見つかりました。

問題 16-2 問題 16-1 において，内接小円が大円の中心を通る場合を考えます。

図の「中矢」（大円の中心と板の重心間の距離）の長さが 1 寸のとき，小円径を求めてください。

白河の関近く,奥州街道の県境に掲げられた「白河境明神」算額の第6問です。この算額は全9問からなり,第 n 問の答が n となるように趣向を凝らした珍しい算額です。問題16-2はその第6問。したがって,答えは6寸のはずです。

てこの原理

「おう,これはきれいな問題だね」

Gさんは早速食いつきました。

「だろう？　じゃあ図解して説明してよ」

「オッケー。大円板と小円板の重量比は,大円と小円の面積比としていいよね。厚みは共通だから」

面積を重量の代わりに使ってよいということでしょう。

「ほら,大円板の重心はその中心にあるよね。これを2つの部分に分ける。小円板と,これをくり抜いた残りの板」

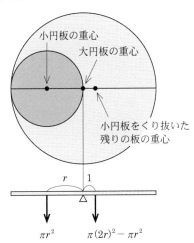

　すると,図のような釣り合いの問題となり,てこの原理から次の等式が成り立つというのです。

$$\pi r^2 \times r = \{\pi(2r)^2 - \pi r^2\} \times 1$$

「これを解いて,$r = 3$。よって,小円の直径は 6 寸」

「なるほど,直径 12 寸の円板から 6 寸の内接円板をくり抜くと,重心の位置が 1 寸ずれることが分かったわけだ。見た目よりずれはかなり小さい,という印象だね」

大元神社の場合

参加者の皆さんは,それぞれ思い思いに問題を選び,検討を進めている様子。

「みよこさんだよ,みよこさん」

すっかり定着した「3:4:5 の直角三角形」の呼び名を連発しています。それをよいことに,こちらは重心の問題 16-1 に戻りました。

「x の代わりに,問題 16-2 の図の『中矢』を考えよう」

「大,小円の半径をそれぞれ R, r,重心の(大円の中心からの)ずれを t とするよ」

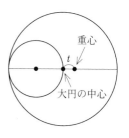

このとき,てこの原理から

$$\pi r^2 \times (R - r) = (\pi R^2 - \pi r^2) \times t$$

が成り立つ。すなわち,

$$t(R^2 - r^2) = r^2(R - r)$$

よって,

$$t = \frac{r^2(R - r)}{R^2 - r^2} = \frac{r^2(R - r)}{(R + r)(R - r)} = \frac{r^2}{R + r}$$

これより，問題図の x は $R-t$ として求められる。

一般の場合

ここまできて，二人は当然ながら小円板の大きさが気になりました。両神社の問題図の重心は，くり抜いた残りの板上にあり，そこに紐を付けて吊り下げることができます。でも，小円の半径がある値より大きくなると……。

「境目はどこだろう」

二人は夢中になって，鉛筆を走らせました。

前の図において，小円の直径 $2r$ と大小円の接点から重心までの距離 $R+t$ の大小を比較してみる。

$$2r - (R+t) = 2r - \left(R + \frac{r^2}{R+r}\right) = \frac{r^2 + Rr - R^2}{R+r}$$

したがって，$2r = (R+t)$ となる r を r_0 とすると，

$$r_0{}^2 + Rr_0 - R^2 = 0, \qquad 0 < r_0 < R$$

から，

$$r_0 = \left(\frac{-1+\sqrt{5}}{2}\right)R$$

であり，

$$0 < r < r_0 \quad \text{のとき}, \quad 2r < (R+t)$$
$$r_0 < r < R \quad \text{のとき}, \quad 2r > (R+t)$$

驚きました。小円の半径の境界値 r_0 は，大円の半径の $\left(\dfrac{-1+\sqrt{5}}{2}\right)$ 倍，これは黄金数

$$\tau = \frac{1+\sqrt{5}}{2}$$

の逆数ではありませんか。

第 16 話 黄金の月

これを直径に置き換えても同じですから、重心がくり抜いた板状にあるかないかの境目は、

（小円径）：（大円径）＝ $\dfrac{1}{\tau}$: 1 = 1 : τ

のときであることが判明したのです。

黄金の月を釣る

月というより、太陽。むしろ日食でしょうか。いずれ無理なたとえですが、黄金色に輝いていることに変わりはありません。小円板をくり抜いてできた形の何と美しいことでしょう。手持ちのコンパスで描いた図に見とれてしまいました。

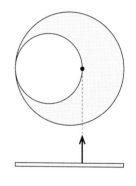

「何してるんですか？」

近くの人が、こちらをのぞき込んで声を掛けてきました。

はっとして時計を見ると、もうすぐ12時、終了時間です。Gさんはあわてて立ち上がり、周りを見回して言いました。

「今日はどうもありがとうございました。何もお役に立てませんでしたが、私自身は皆さんのおかげでささやかな発見をしました」

算額を指さしながら、かいつまんで自分たちの発見を語りました。学校を出てから何十年も経った人たちが大半です。比例式や三平方の定理、2次方程式をようやく思い出して使い始めたところです。しかし、五感でとらえる日本人独特の審美眼は、年齢とともに磨きがかかります。次回の寺子屋に、新たなプレゼントを

持参することを約束して,別れを告げました。

　Gさんは,帰宅後,休憩もそこそこに模型作りを始めました。
　新しい無地の丸団扇を取り出し,親指用の穴を含む $\frac{1}{\tau}$ の大きさの小円を作図してハサミで切り抜きました。そうして,重心に当たる点に糸を糊付けして吊るしてみました。
　すると,黄金の月は,糸を中心にゆっくりと回転し続けています。これはうまくいった証拠,大喜びで写真に収めました。
　「こっちも今作ってる。もちろん木製さ」
　メールを受け取ったYさんからの返事です。
　翌日,「黄金の屋根」の文様を印刷して「黄金の月」に貼りつけました。次回の寺子屋は,蛇の絵の算額で世界に知られた「三春厳島神社」。何が起こるか,今から楽しみです。

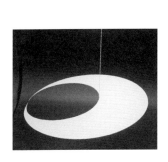
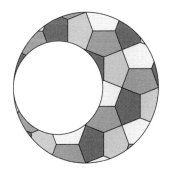

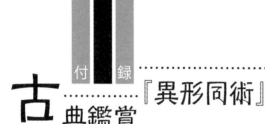

　『異形同術』（山上光道，1843）は，その門弟が山上の師の著書『日用要算』の附録として編纂した和算書であり，後に独立の写本としても今に伝わっています。

　この書は全32問の図形題からなり，題文はすべて異なる図形に基づきながら，術文（解）はすべて同一という，まれに見る趣向を凝らした書です。その同一解は，次の32個の図の下に付した比の値がすべて，

$$1 : \frac{3-\sqrt{5}}{2}$$

となるもので，黄金数 τ を用いて表せば，

$$\frac{3-\sqrt{5}}{2} = \frac{1}{\tau^2}$$

ですから，これは黄金比マニアにとっては垂涎の書というべきでしょう。しかし，これは西洋数学の見地からであって，山上自身には黄金数という特別の認識はなかったでしょう。にもかかわらず，これだけの数の異形同術を収集した山上の慧眼と労苦に，ただただ驚嘆するのみです。

　（注）図中，「方」は正方形，「面」は辺の長さ，「側円」は楕円を表します。

1

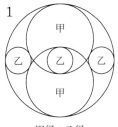

甲径：乙径

2

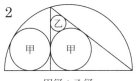

甲径：乙径

3

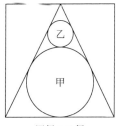

甲径：乙径

4

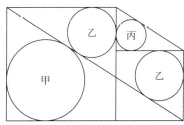

甲径：丙径

5

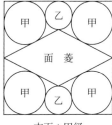

方面：甲径

6

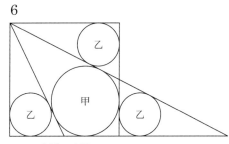

方面：乙径

付録　古典鑑賞『異形同術』　193

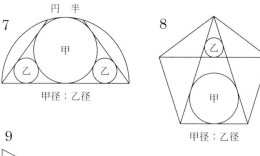

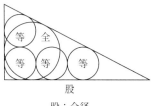

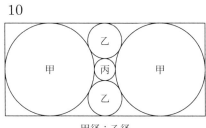

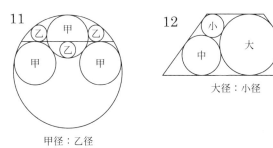

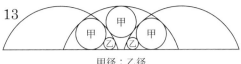

13

甲径：乙径

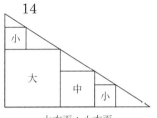

14

大方面：小方面

15

甲径：乙径

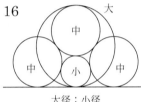

16

大径：小径

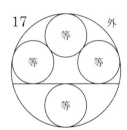

17

外径：等径

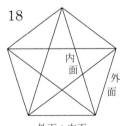

18

外面：内面

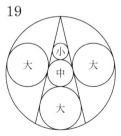

19

大径：小径

付録　古典鑑賞『異形同術』　　195

20

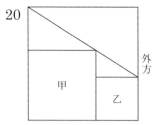

外方面：乙方面

21

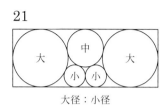

大径：小径

22

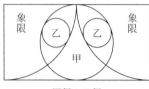

甲径：乙径

23

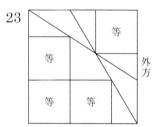

外方面：等方面

24

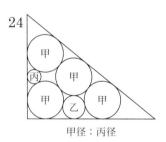

甲径：丙径

25

外円を与え，等斜と矢の
差を最大にするときの
甲径：乙径

26

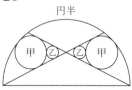

半円を与え，等斜を変えて
甲円径を最大にするときの
甲径：乙径

27

団扇径を与え，要径を変えて
丙径を最大にするときの
団扇径：乙径

28

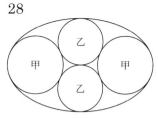

長円長径：甲径
（甲は，長径端における曲率円）

29

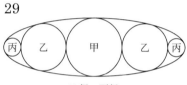

乙径：丙径
（丙は，長径端における曲率円）

30

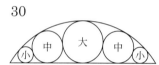

円弧を与え，弦・大径を変えて
小径を最大にするときの
大径：小径

31

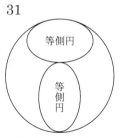

外円径：等側円短径
（外円は，上部側円の
短径端における曲率円）

32

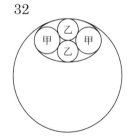

外円径：側円短径
（外円と甲円は，それぞれ側円の
短径端と長径端における曲率円）

付録　古典鑑賞『異形同術』

以上，全32個の図形を掲げました。これらの図形を美しいとみるかどうかは，意見の分かれるところでしょう。この書についても，江戸後期の和算の「芸に遊ぶ」側面を如実に表しているという評価は免れません。とはいえ，○△□が収まるべくして収まっている簡素な図は，黄金比の特質を見事に体現しています。著者自身も今回の原稿執筆の中で，いくつかの新たな発見をしました。

　美しい図形に潜む簡明な数理。皆さんも，『異形同術』に新たな図を加えてみてはいかがでしょうか。

参考文献

［1］ 白石長忠『社盟算譜』，1827
［2］ 千葉胤秀『算法新書』，1830
［3］ 山上光道『異形同術』，1843
［4］ 佐久間纉『算法起源集』，1877
［5］ 平山諦『学術を中心とした和算史上の人々』，富士短期大学出版部，1965
［6］ 中村幸四郎他訳『ユークリッド原論』，共立出版，1971
［7］ 岩田至康編『幾何学大辞典』，槇書店，1971
［8］ 戸村浩『基本形態の構造――立方体はブドウ酒の味がする』，美術出版社，1974
［9］ 池野信一，高木茂男，土橋創作，中村義作『数理パズル』，中公新書，1976
［10］ 福島県和算研究保存会編『福島の算額』，1989
［11］ 深川英俊，ダン・ペドー『日本の幾何――何題解けますか？』，森北出版，1991
［12］ 深川英俊，ダン・ソコロフスキー『日本の数学――何題解けますか？（上・下）』，森北出版，1994
［13］ ブライアン・ボルト『数学パズル・パンドラの箱――楽しい，くやしい，おもしろい！』，木村良夫訳，講談社，1994
［14］ 中村滋『フィボナッチ数の小宇宙』，日本評論社，2002
［15］ 奥村博，渡邉雅之『アルベロス――3つの半円がつくる幾何宇宙』，岩波書店，2010
［16］ アルフレッド・S・ポザマンティエ，イングマール・レーマン『偏愛的数学Ⅱ――魅惑の図形』坂井公訳，岩波書店，2011
［17］ 佐藤郁郎，中川宏『多面体木工（増補版）』，NPO法人科学協力学際センター，2011
［18］ 五輪教一『黄金比の眠るほこら』，日本評論社，2015

五輪 教一（ごわ・きょういち）

1954年　福島県生まれ。元高校教諭。
「街角の数学」http://streetwasan.web.fc2.com/

著書『Mの謎』（幻冬舎ルネッサンス，2006）
　　『ケプラーの八角星』（講談社ブルーバックス，2009）
　　『黄金比の眠るほこら』（日本評論社，2015）

山﨑 憲久（やまさき・のりひさ）

1958年　兵庫県生まれ。木工職人。
「積み木インテリアギャラリー」http://woodenpolyhedra.web.fc2.com/

著書『多面体木工（増補版）』（NPO法人科学協力学際センター，2011）
　　『Wooden Polyhedra（English edition）』（CCIS，2012）

街角の数学　数理のおもむき かたちの風雅

2019年4月20日　第1版第1刷発行

著　者	五 輪 教 一 ＋ 山 﨑 憲 久
発行所	株式会社 日本評論社
	〒170-8474 東京都豊島区南大塚3-12-4
	電話　（03）3987-8621［販売］
	（03）3987-8599［編集］
印　刷	藤原印刷株式会社
製　本	株式会社難波製本
装　幀	銀山宏子
図　版	関根惠子

JCOPY　〈（社）出版者著作権管理機構　委託出版物〉

本書の無断複写は著作権法上での例外を除き禁じられています。複写される場合は、そのつど事前に、（社）出版者著作権管理機構（電話 03-5244-5088, FAX 03-5244-5089, e-mail: info@jcopy.or.jp）の許諾を得てください。また、本書を代行業者等の第三者に依頼してスキャニング等の行為によりデジタル化することは、個人の家庭内の利用であっても、一切認められておりません。

ⓒ Kyoichi GOWA, Norihisa YAMASAKI 2019　　Printed in Japan
ISBN978-4-535-78899-2